育圖鑑

兔子學校　關係圖

尊敬

支持

安哥拉校長(♀)

以柔軟美麗的毛為傲的安哥拉種，擁有豐富的兔子相關知識。總是慈祥地守護著學生們。

兔作老師(♂)

流浪動物之家的兔媽媽所生的米克斯種（混種）。為了增進人與兔的關係而當上教師的熱血老師。

同學

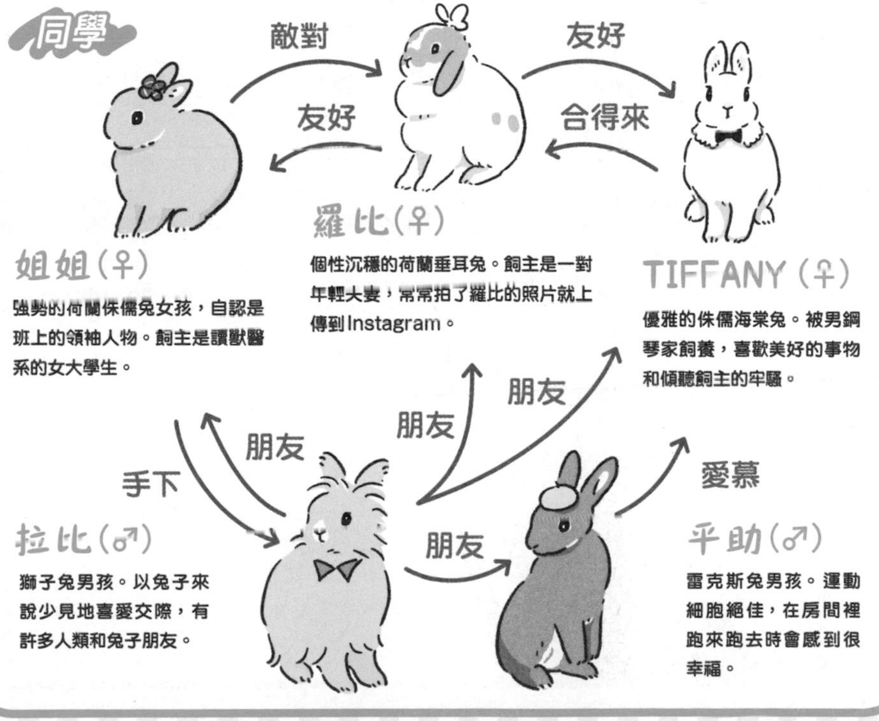

敵對

友好

友好

合得來

羅比(♀)

個性沉穩的荷蘭垂耳兔。飼主是一對年輕夫妻，常常拍了羅比的照片就上傳到Instagram。

姐姐(♀)

強勢的荷蘭侏儒兔女孩，自認是班上的領袖人物。飼主是讀獸醫系的女大學生。

TIFFANY(♀)

優雅的侏儒海棠兔。被男鋼琴家飼養，喜歡美好的事物和傾聽飼主的牢騷。

朋友

朋友

朋友

手下

愛慕

朋友

拉比(♂)

獅子兔男孩。以兔子來說少見地喜愛交際，有許多人類和兔子朋友。

平助(♂)

雷克斯兔男孩。運動細胞絕佳，在房間裡跑來跑去時會感到很幸福。

來去兔子學校！

在某個地方
有一所
兔子學校。

大家早！

兔作老師

啊！
兔作老師！

兔作老師！
你看這個！

姐姐

鬧鬧

嗯？

好驚人的睡相！
羅比
根本不像兔子……
呵呵……
※躺
什麼呵呵！妳忘記「兔子該有的樣子」了嗎？
唷——？
好了好了，你們兩個。
那麼，今天就來學學「兔子該有的樣子」吧！
好～～～

TIFFANY
好！
有我們的祖先
「穴兔」的樣子
很重要。
好棒喔！
哇！
可是現在
又沒有住在洞穴裡。
靜——默
拉比
「兔子該有的樣子」
到底是什麼……
嗯——？
啃東西的話
會被罵耶～
大家好像
很煩惱
的樣子呢。
嘎啦
呵呵呵呵……

安哥拉校長！
安哥拉
校長
這時候
就需要這個！
兔子飼育圖鑑
為了不忘記兔子該有的
樣子、和人類
快樂地生活，
就用這本書
和飼主們
一起學習吧！
兔子飼育圖
好～～！
於是，
學生們就悄悄地
把書交給了飼主。
平助
輕手輕腳
ZZZ

目次

LESSON 2 兔子的身體 49

《兔子飼育圖鑑》使用方法

以下說明《兔子飼育圖鑑》的使用方法。回答關於兔子的問題，
努力成為兔子專家吧！

步驟 1

挑戰填空題！

本書的題型是填空題。空格的數量等於標準答案的字數，答題時留意一下空格數吧！

步驟 2

確認解答！

填空題的標準答案。安哥拉校長會說明其他答案或容易弄錯的重點。

步驟 3

透過解說加深理解

關於解答更加詳細的解說。不管是答對還是答錯的人都來讀一讀，加深對兔子的理解吧！

基本知識 1

兔子的主食是 □□

對答案

草

兔子是草食性動物，消化系統和人類或狗這類雜食性動物完全不同。香蕉等食物即使牠喜歡，也不能餵食太多！

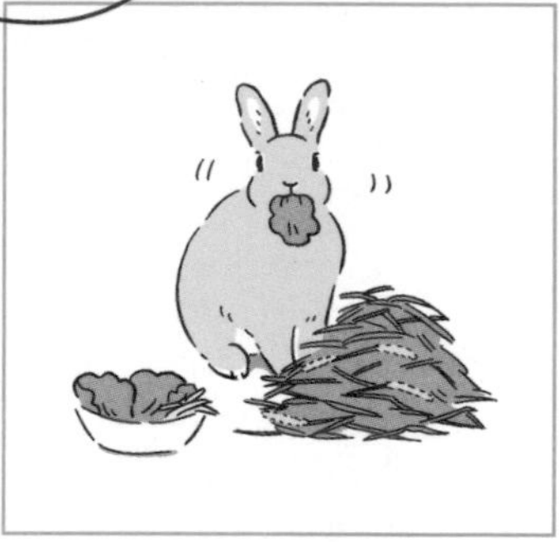

兔子是完全的草食主義者。由於植物的細胞有細胞壁包住，所以消化上很花時間。因此，草食性動物有一個特徵是腸子比肉食性動物來得長。兔子的消化道構造讓牠們得以靠著營養價值低的植物生存。相反的，如果吃下營養價值高的食物，消化道的運作就會出問題（↓53頁）。

還有，草食性動物天生處於被肉食性動物獵捕的地位，基本上以性格來說，都會帶有很強的警戒心。

18

如果飼主想要學習得更詳盡……

補習課程

為還想知道更多、學習心旺盛的人，準備了額外的課程補充內容。

應用問題

改變出題方法，解說關於兔子的種種。請放鬆心情挑戰看看。

請問校長先生

飼主寄到「兔子學校」的問題和煩惱，由安哥拉校長來解惑。

兔子的基本知識

LESSON 1

為了更加了解家中的兔子，
首先就來學習
關於兔子這種動物的知識吧！
合計25題，很簡單吧？

兔子是什麼樣的生物？

大家都有把兔子飼育圖鑑交給主人，一起回答問題了嗎？

有～～

很多都是連身為兔子的自己也不知道的內容呢。

了解自己真的很重要。

……

對啊，讓主人了解兔子相關知識，雙方相處起來也會比較輕鬆。

真的真的

……

欸？你該不會
沒有看
飼育圖鑑吧？
驚

咦～我也是耶！
主人在回答
問題的時候
我睡著了～
喂！
這怎麼行!!
!!

算了，算了，
那大家就一起來
學習關於兔子
這種生物吧！
已經學過的
同學們
就請當成
複習。

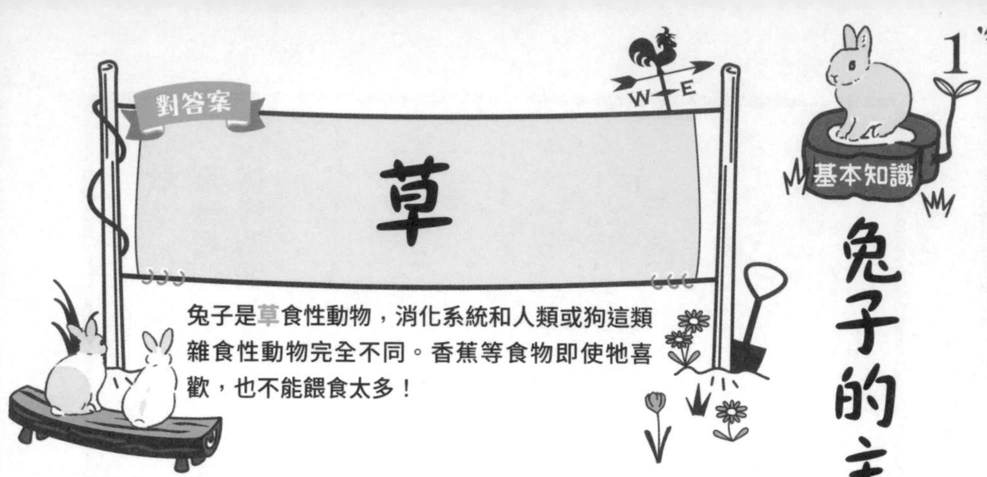

兔子是草食性動物，消化系統和人類或狗這類雜食性動物完全不同。香蕉等食物即使牠喜歡，也不能餵食太多！

基本知識 1

兔子的主食是□

兔子是完全的草食主義者。由於植物的細胞有細胞壁包住，所以消化上很花時間。因此，草食性動物有一個特徵是腸子比肉食性動物來得長。兔子的消化道構造讓牠們得以靠著營養價值低的植物生存。相反的，如果吃下營養價值高的食物，消化道的運作就會出問題（→53頁）。

還有，草食性動物天生處於被肉食性動物獵捕的地位，基本上以性格來說，都會帶有很強的警戒心。

基本知識 2

寵物兔的祖先是□□

對答案

穴兔

不管是荷蘭兔、垂耳兔還是安哥拉兔，追溯起源的話，祖先都是歐洲的**穴兔**。所以儘管外觀看起來不同，飼養方法都是共通的。

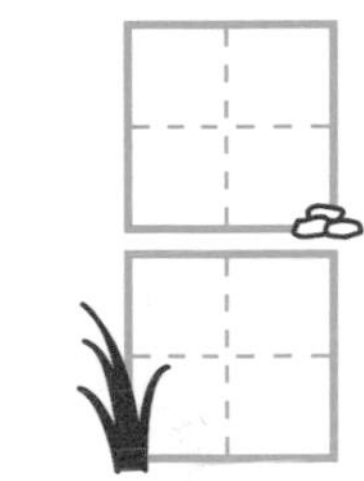

為了了解寵物兔，先回過頭來了解牠們的祖先吧！**穴兔會在巢穴中和同伴過著群居生活。**

日本雖然有名為「日本野兔」這種野生兔種，但野兔既沒有巢穴，也不會群居，是單獨生活的。

另一方面，**群居生活的穴兔具有社會性，所以會親近人類，於是漸漸被當成了寵物飼養。**本書中提到「野生」一詞時，指的是寵物兔的祖先穴兔。

3 基本知識

群居是□～□隻一起生活

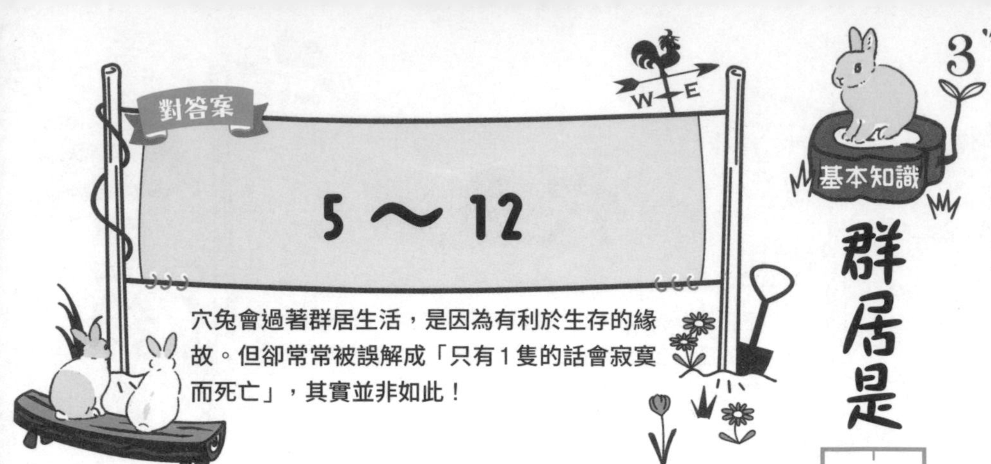

穴兔會過著群居生活，是因為有利於生存的緣故。但卻常常被誤解成「只有1隻的話會寂寞而死亡」，其實並非如此！

群居一般是1隻公兔和數隻母兔及其兔寶寶，一共5～12隻共同生活。集體生活的話，既可以一起警戒敵人、比較安心，也不需要尋找繁殖對象。

兔群的首領大致可以算是公兔，不過其他的成員（成年母兔們）並不會特別服從牠。

首領的工作是四處留下自己的氣味、捍衛地盤。母兔則是在公兔守護的地盤之內育兒。

基本知識 4

兔子的婚姻是□□□□制

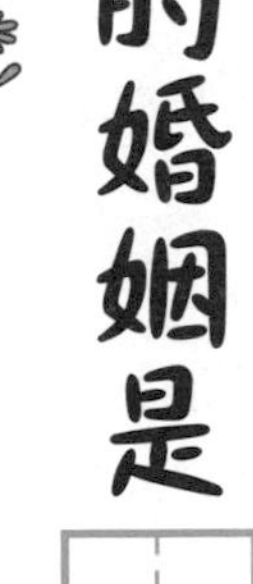

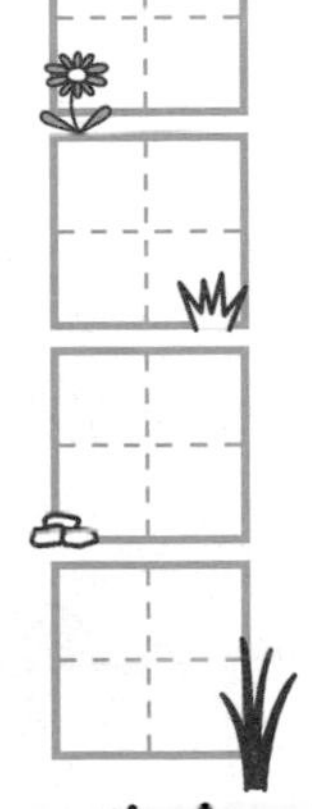

對答案

一夫多妻

別說「我不考慮結婚所以跟我無關」。理解構成兔群的**一夫多妻制**，就能稍微了解兔子的心情囉。

兔子是自然界中，生存方面較為劣勢的動物。也因此，**具有盡可能留下眾多子孫的強烈本能。**

雖說是一夫多妻，但身為首領的公兔也不能太大意，因為不知道什麼時候會被年輕的公兔所取代。此外，雖然母兔無論如何都會在群體內共同生活，但如果處於較優勢的地位，便能安心地生產育兒，因此地位較低的母兔會對地位高的母兔寶座虎視眈眈。

不管是公兔還是母兔，都對自己的「地位」非常敏感。

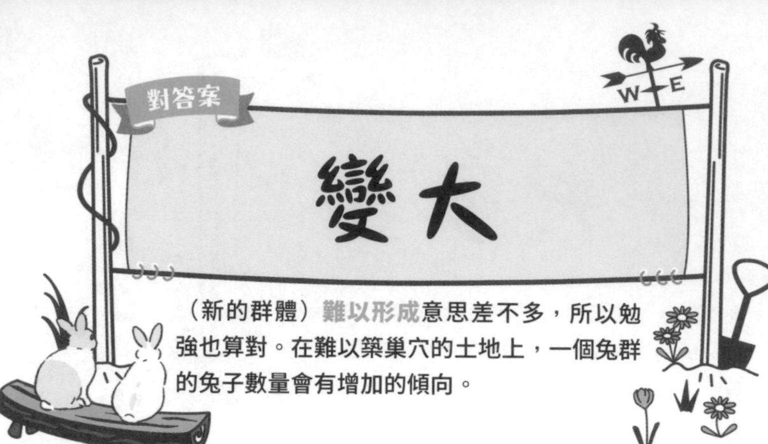

（新的群體）**難以形成**意思差不多，所以勉強也算對。在難以築巢穴的土地上，一個兔群的兔子數量會有增加的傾向。

5 基本知識

地面堅硬的話兔群會

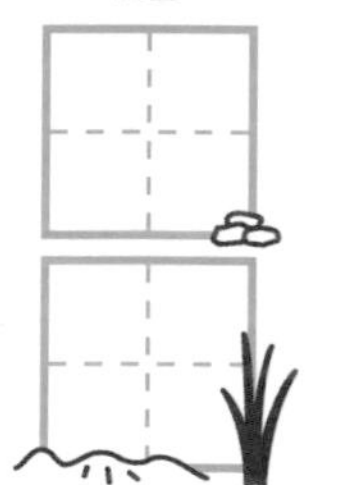

穴兔大約會有5～12隻在稱為「兔子洞（Warren）」的巢穴裡集體生活。然而，若地面堅硬、難以築巢穴，無法在喜歡的地方挖洞，兔群就會變大。

一般可能會以為，兔群變大比較令人安心，其實不然。像是僅有身為首領的公兔能夠繁殖，或是母兔為了爭奪有利的育兒巢穴而互鬥，**地位的競爭會變得更加激烈。**

地面如果柔軟的話，就能到處挖掘巢穴，因此也不會有爭奪巢穴的問題。

兔子的巢穴

野生的穴兔們就是在這樣的巢穴裡生活的。竟然能挖出這樣的巢穴，兔子實在很厲害吧！

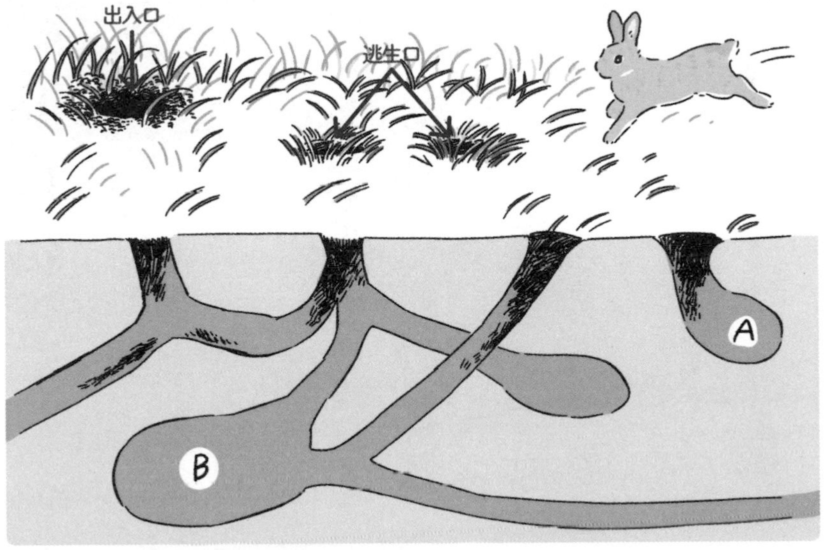

巢穴（兔子洞）裡分成好幾個獨立的房間，各自以隧道相連。一般生產時，會在這附近挖掘另外的巢穴產子，但地位占優勢的母兔會選擇山坡上等較為安全的地點。主要的出入口是由外面挖掘，周圍會留有土堆，因此很明顯。但祕密的逃生口是從土裡挖掘，會隱藏在草叢裡。

應用問題

問題）上面的插圖中，地位較高的母兔和兔寶寶的房間，是A和B當中的哪一個呢？

解答）重點在於A和B哪一個比較安全。地位較優勢的母兔，可以使用位於複雜隧道深處、較為安全的B房間。

兔子的階級關係很□□

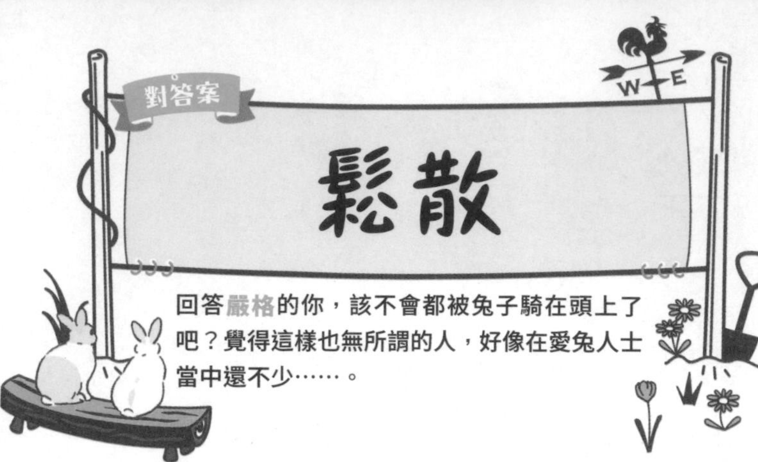

回答**嚴格**的你，該不會都被兔子騎在頭上了吧？覺得這樣也無所謂的人，好像在愛兔人士當中還不少……。

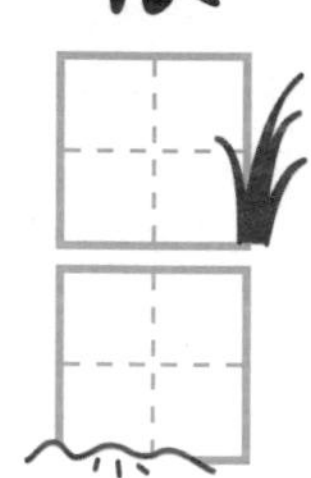

兔群內雖然有規則也有階級關係，但都是非常鬆散的。母兔之間雖然會為了（巢穴內的）生產地點排出順位，但平時是平等的。兔群當中即使有「首領」，也並非必須對其唯命是從。只不過，兔群內如果有多隻公兔的話，順位的競爭就會非常激烈。

兔子的群體是有必要時所形成的團體，但即使沒有群體，牠們也能生活下去，關係是很鬆散的。因此，牠們雖然具有社會性，但多隻飼養其實很困難。

對答案

氣味

記號也可以……，不過，問題是**記號**要怎麼沾附哩？所以只能算△。這裡希望各位回答的是**氣味**。

7 基本知識

在地盤上沾附

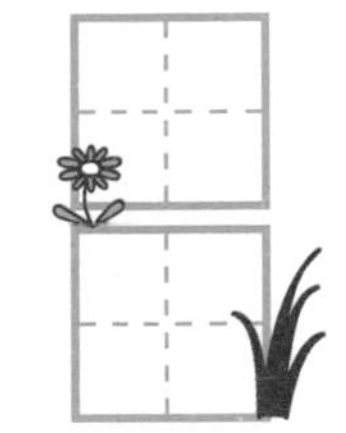

比較不會被敵人盯上的絕佳地點，大家都想作為巢穴，要是被其他的兔子搶走就糟糕了。為了宣示「這裡是我的地盤」，**兔群裡的公兔首領會在巢穴及其周邊沾附自己的氣味，確實做記號。**牠們會透過摩擦下巴，或以大、小便等方式，在勢力範圍的界線上到處留下氣味（↓118、120頁）。

對於兔群中的成員，**牠們也會做記號。**公兔雖比較常見，但母兔也會。

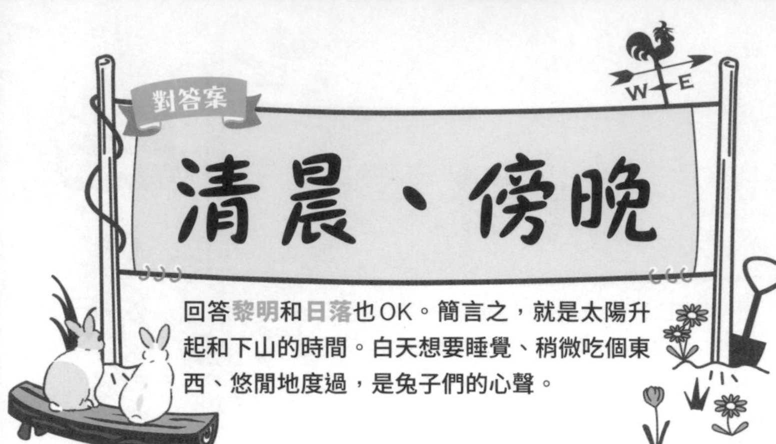

回答黎明和日落也OK。簡言之，就是太陽升起和下山的時間。白天想要睡覺、稍微吃個東西、悠閒地度過，是兔子們的心聲。

8 基本知識

活動最活躍的時間是□□和□□

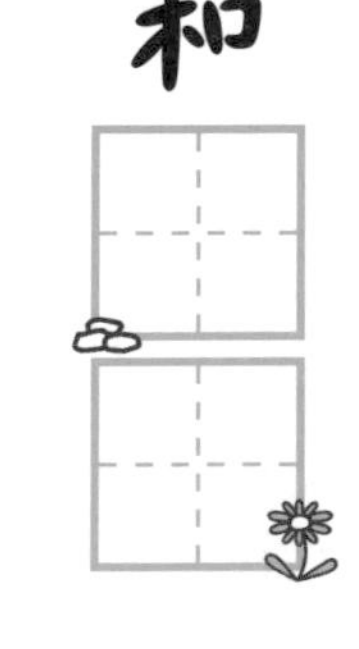

在野外生活時，容易被獵捕兔子的肉食性動物發現的白天，以及夜行性肉食動物出來走動的夜晚，兔子會躲藏在巢穴中不外出。活動的時間是在這些肉食性動物回去睡覺的黎明和日落時分。牠們會從巢穴出來吃吃草、動動身體，享受自由的時光。

被人類飼養之後，生活作息多多少少有些改變，例如白天時清醒著等等。雖然有些兔子可以配合人類作息，但兔子本來就是「黎明薄暮型」的動物，因此最好不要勉強牠們白天一定要醒著。

9 基本知識

兔子對□很執著

對答案

性

回答吃的人，也算正確答案，但其實那同樣也是出於想要生存下來繁衍後代的本能。兔子對於繁殖的熱中程度是超乎人類想像的。

雖然不管任何動物都有想留下子孫的本能，但身為獵物的兔子，對這方面的欲望尤其強烈。在自然界當中處於劣勢的兔子，野生狀態下很難長久存活，存活超過1歲以上的個體並不多。正因為如此，為了不讓兔子這個物種滅絕，牠們的繁殖能力於是變得很強。

舉例來說，公兔一年到頭都在發情，而母兔交配後懷孕的機率非常高。對性的需求如此強烈的動物來說，發情時無法交配或許很難受。

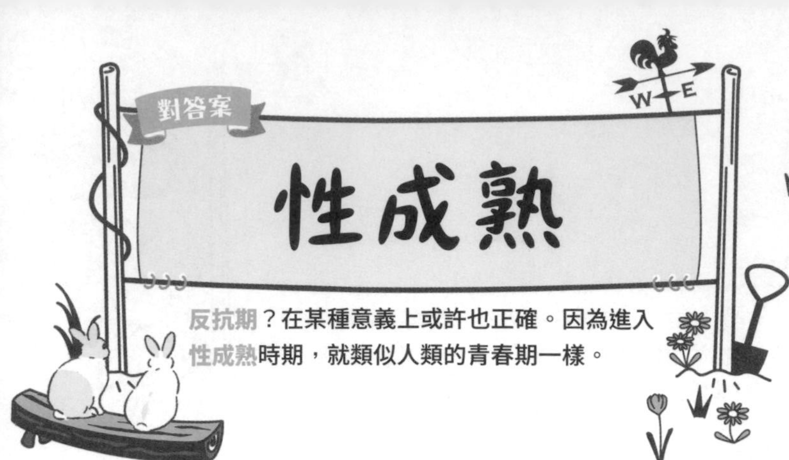

性成熟

反抗期？在某種意義上或許也正確。因為進入性成熟時期，就類似人類的青春期一樣。

出生4個月左右就達到□□□

4個月

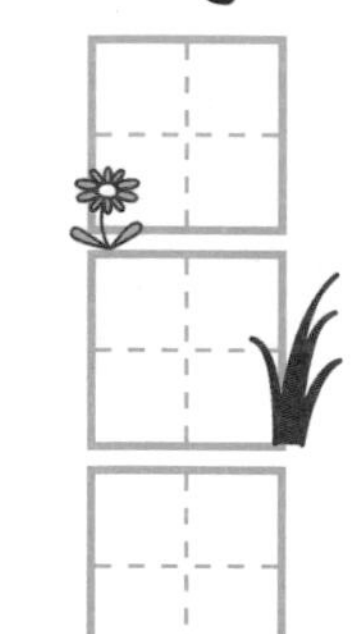

雖然有個體差異或因品種而異，但大約在出生4個月左右，公兔和母兔的身體都會產生變化，以利繁殖。公兔的睪丸會降下來，相對來說變化應該比較容易察覺。

可能一直以來都不排斥讓人抱，但到了性成熟時，地盤意識變得強烈，一碰牠就會攻擊人。因為突然間的劇烈變化而大受打擊的飼主不在少數，但這也表示牠已經成長到足以獨當一面。這時候，主人不妨把牠當成成熟的兔子來看待，不要再用兔寶寶時期的心態來對待牠。

還想知道更多！補習課程

兔子的生命週期

寵物兔的生命舞台大致分成4個階段。現在壽命漸漸延長，越來越多兔子即使是老年期也還很活躍健壯喔！

幼少期　出生～4個月

穴兔一生下來時沒有長毛、眼睛也沒有睜開，需要母親的照顧。野生狀態下大約出生後25天就可以離巢生活，但寵物兔則要2個月後才能被送養至各個家庭。由於這個時期身體還沒長全，必須隨時注意牠的健康，並讓牠記住飼主的氣味和聲音。

青春期　4個月～3歲

到了性成熟時期，不論公兔或母兔都進入全盛時期。公兔想擴張地盤的欲望會變強，若被限制行動，有可能變得具攻擊性。而母兔想要守護地盤或自己身體的意識也會變強。

壯年期　3歲～5、6歲

已習慣與人類一起生活，不再年輕氣盛、性格漸趨沉穩，不論是對兔子還是飼主而言，都是易於度過的時期。一年當中體力的變化也很大，母兔亦容易罹患子宮方面等各類疾病，需特別留意。

老年期　5～7歲以上

即使外觀看起來沒有變化，但身體正漸漸產生變化，例如食量變小、腰腿變得衰弱等等。建議將籠子內調整為無障礙空間，餵食內容也配合其身體狀況做改變。如果從年輕時就留意牠的健康，也有可能活得很長壽、超過10歲以上。

11 基本知識

兔子是□□豐富的動物

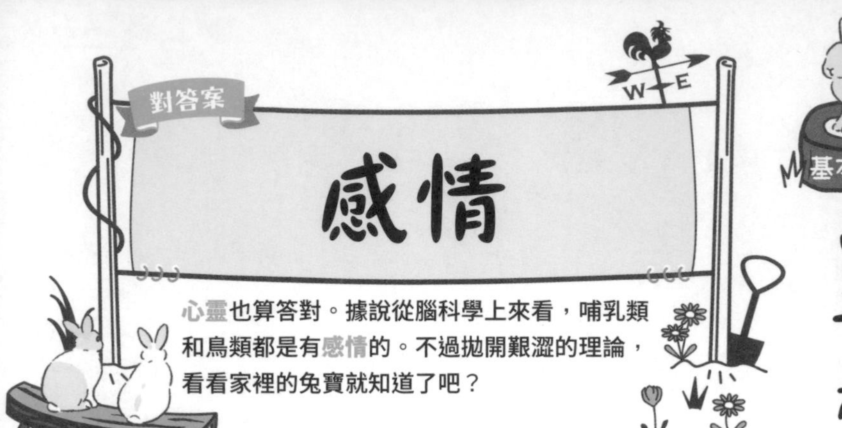

心靈也算答對。據說從腦科學上來看，哺乳類和鳥類都是有感情的。不過拋開艱澀的理論，看看家裡的兔寶就知道了吧？

在野生時代，為了求生存而拚了命，沒有餘裕保有豐富的情感。然而，成為寵物安心地生活之後，感情也變得豐富了。

兔子是否擁有喜怒哀樂的「哀」不得而知，但「喜」和「怒」的話，和牠們一起生活的人應該經常看到。至於「樂」，在籠子外玩耍的兔寶身上也能感受得到。

兔子的感情是透過肢體語言或行動，自然而然表現出來的，如果知道人類能夠理解的話，就會激勵牠們更加積極地表現。

12 基本知識

和平常□□就是幸福

對答案

一樣

對兔子來說，不同於往常是「危險」的，和平常一樣就代表「安全」。能夠安心地生活，對兔子來說是無比幸福的事。

一直以來，野生的兔子都是藉由敏感地察覺不尋常的聲音和氣味，保護自己不受敵人侵襲。不只是兔子，任何動物都一樣，如果面臨生命危險，都不可能感到幸福。

尤其兔子在野外生活時處於被獵食的地位，時時刻刻與生存危機為鄰，因此對於危險和變化總是很敏感。雖然當中也有神經比較大條的兔子，但基本上牠們都會希望過著一成不變的安心生活。

而變化指的不只是環境，也包括飼主的心情（↓159頁）。

13 基本知識

張開□□睡覺

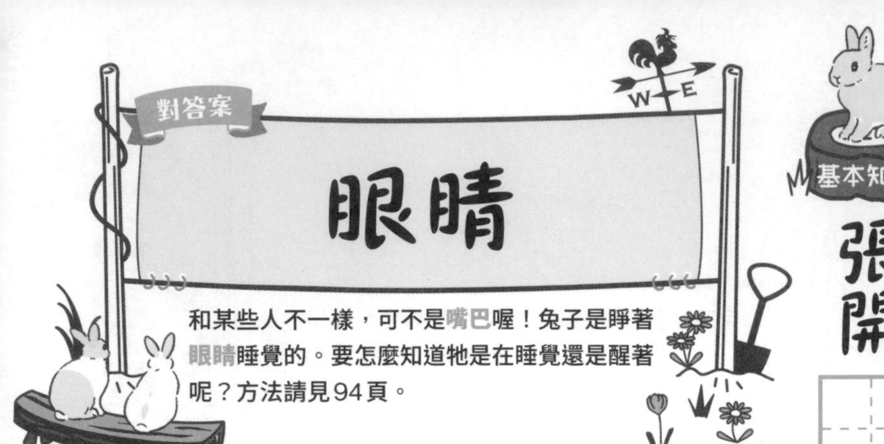

和某些人不一樣，可不是嘴巴喔！兔子是睜著眼睛睡覺的。要怎麼知道牠是在睡覺還是醒著呢？方法請見94頁。

兔子會**睜著眼睛、保持頭抬著的姿勢睡覺**。這是因為敵人來襲時必須馬上逃走的關係。以這種姿勢**不會熟睡，只會重複極短暫的睡眠**。

睡姿正表現了兔子的強烈警戒心，不過，最近也看到有些兔寶展現出徹底安心的睡姿（↓98、99頁）。

順帶一提，兔子也不太會眨眼睛。睜著眼睛為什麼眼睛不會乾呢？原來是因為兔子的眼淚含有油脂成分、不容易蒸發的緣故。

□□的地方比寬闊的地方更安心

對答案

狹窄

角落或縫隙也是正確答案！大家可能會想說「怎麼跑進那麼狹窄的地方……」，但總之就是很愛呢～。

穴兔白天會躲藏在昏暗的地下巢穴中休息，到了黎明或日落才跑出來到地面上活動。雖然能在廣闊的地面上自由活動很開心，但也有著必須隨時警戒敵人的緊張感。

作為寵物過生活之後，牠們仍留有過去的影子，在寬闊的地方總覺得無法定下心來，比較喜歡籠子和房間的角落這類狹窄的地方。

順帶一提，對寵物來說籠子就是自己的巢穴。在籠子裡的時候是完全的「關機模式」，因此別一直打擾牠。

15 基本知識

狹窄的□□會想起巢穴

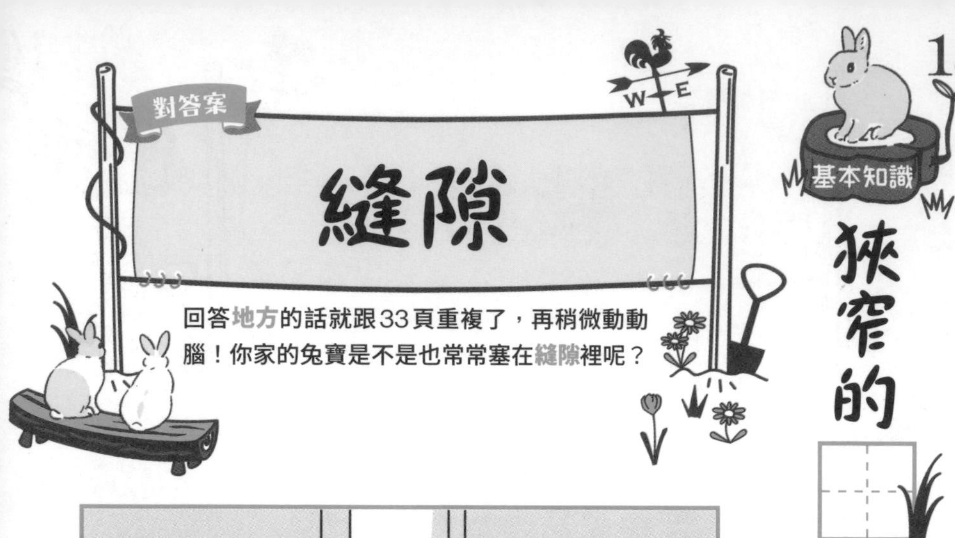

回答**地方**的話就跟33頁重複了，再稍微動動腦！你家的兔寶是不是也常常塞在**縫隙**裡呢？

如同在狹窄的地方較能放鬆一樣，像家具和家具之間的縫隙這種，某樣東西和某樣東西之間、身體恰好能塞進去的地方，也是兔子的最愛。

尤其是**剛剛好符合體型的狹小縫隙，似乎會令牠想起巢穴。**可能是身體緊貼著牆壁這類地方，彷彿被保護著，因而感到安心。

有一些兔寶連主人坐下來時，腳和腳之間這種地方都會鑽進去。**能被夾住或靠住是表示沒有危害、信賴的證明**，為了不負牠的信賴，建議別干擾牠，守候著牠就好。

16 基本知識

想和喜歡的同伴

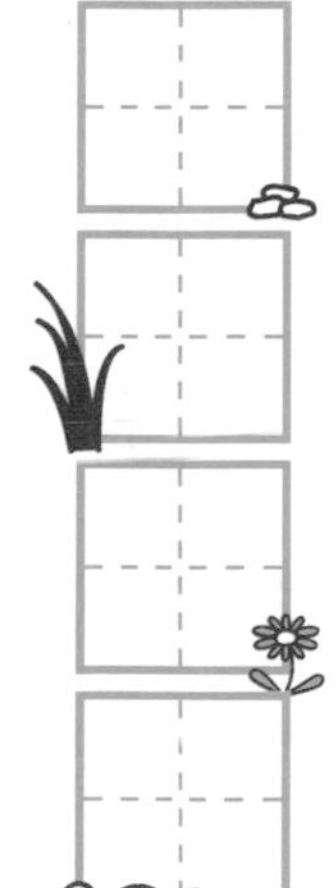

對答案

緊緊相依

永遠在一起？好浪漫的答案！雖然不符合字數，但真想給一個○。不過正確答案是上面的**緊緊相依**。

穴兔在巢穴中出生時，兄弟姊妹會緊靠在一起取暖，一邊等著兔媽媽來餵奶。可能是想起了兔寶寶時期吧，感情好的同伴彼此緊緊相依，似乎便能感到安心。34頁所說的會夾在或靠在飼主的兩腳之間，也是因為這麼做讓牠們覺得安心的緣故。

順帶一提，鼻子碰鼻子，是嗅聞氣味以探測對方狀況的一種肢體動作。鼻子是重要部位，萬一被一口咬住就糟了，因此牠們會以能馬上逃離的姿勢嗅聞。

17

基本知識

會□□地盤侵入者

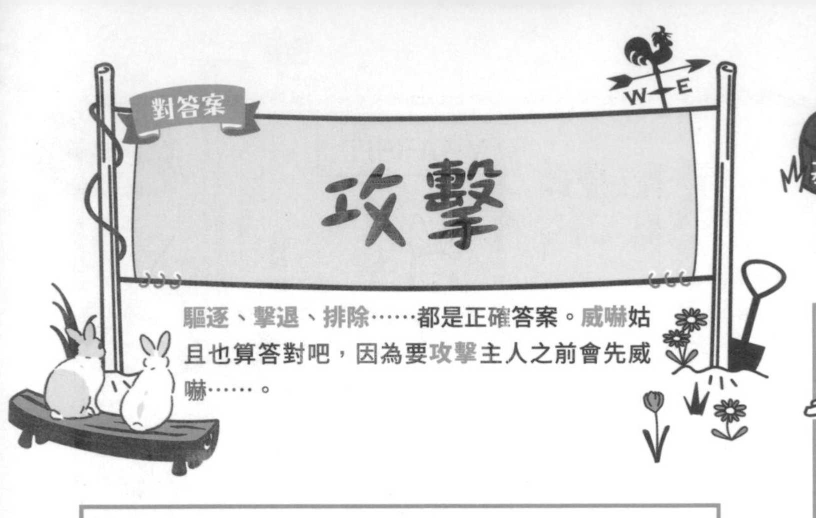

驅逐、擊退、排除……都是正確答案。威嚇姑且也算答對吧，因為要攻擊主人之前會先威嚇……。

在野外生活的時候，捍衛地盤是公兔首領的工作。首領公兔會在勢力範圍內的地面及柵欄、樹幹或草叢等地方，到處留下自己的氣味，並攻擊、驅趕進到裡面的侵入者。

被人類飼養之後，領域性強的兔子不論公兔或母兔，都會在籠子外四處留下自己的氣味，並將沾染了氣味的地方視為自己的地盤，其他兔子或人類侵入的話，就會加以攻擊。

對答案

公

正確答案是公。母兔和母兔意外地有些能夠相處得不錯。不過，這是指同是兔子的性別屬性，兔子和人類的性別契合度又是如何呢??

基本知識 18

兔很難多隻飼養

因為兔子是群居生活的動物，所以多隻飼養比較好嗎？其實完全不是這麼一回事。尤其是同一個兔群內如果有多隻公兔，很可能會激烈地爭奪地盤。由於會在房間內到處尿尿留下氣味，對一起生活的人類來說壓力或許會很大。

至於同樣是母兔，在野外生活時能互相容忍，相較於公兔，多隻飼養相對比較容易，但這也必須視其契合度而定。是否可以多隻飼養需視個體而定。

19 基本知識

初次見面時會確認

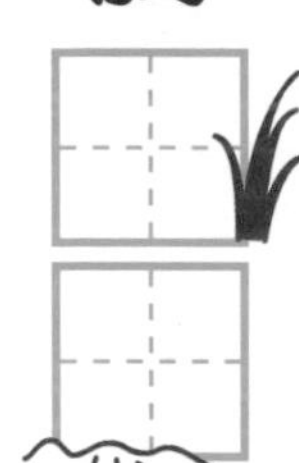

的氣味

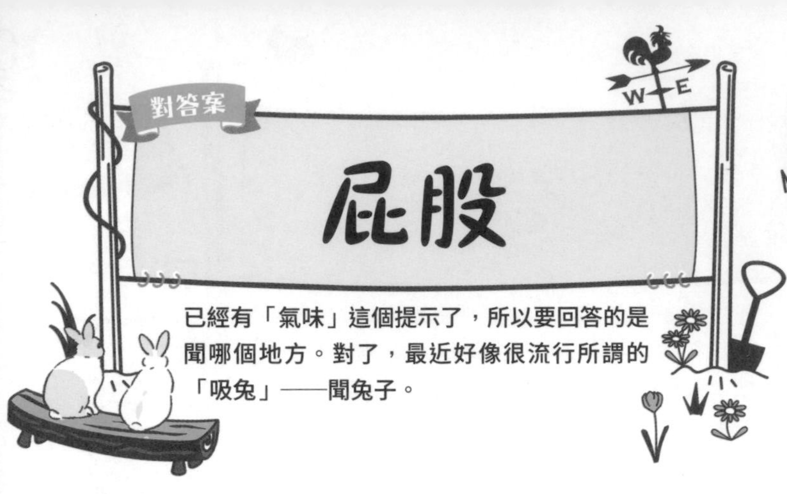

已經有「氣味」這個提示了，所以要回答的是聞哪個地方。對了，最近好像很流行所謂的「吸兔」——聞兔子。

宣示地盤也是透過留下氣味，兔子的個資都濃縮於氣味當中。散發氣味的臭腺位於下巴、肛門和生殖器旁。

遇見陌生的兔子時，首先會互相嗅聞屁股附近，交換彼此的健康狀態和年齡、性別等資訊。不過，這是指友好的對象，如果是警戒的對象，就不會讓牠嗅聞自己的味道。

此外，糞便也會沾染肛門臭腺的氣味，在宣示地盤或尋找繁殖對象的時候，會派上用場（↓120頁）。

20 基本知識 對同性的騎乘行為是□□□的表現

騎乘是指騎到對方身上做出交配的姿勢，但對於不是異性對象的同性，也會有這種行為。若騎上去對方沒有拒絕，則代表騎乘方的兔子「地位較優勢」的意思。有些母兔也會做出騎乘的行為。

此外，雖然對主人的騎乘行為有些是「極致的愛」，但也有的是「因為被允許所以才這麼做」。後者的兔寶似乎認為自己的地位比主人高。

對答案

優越性

並不是同性戀……，也不是感情好……。正確答案是優越性，是「我地位比你高！」的意思。

21 基本知識

會固定地點排□

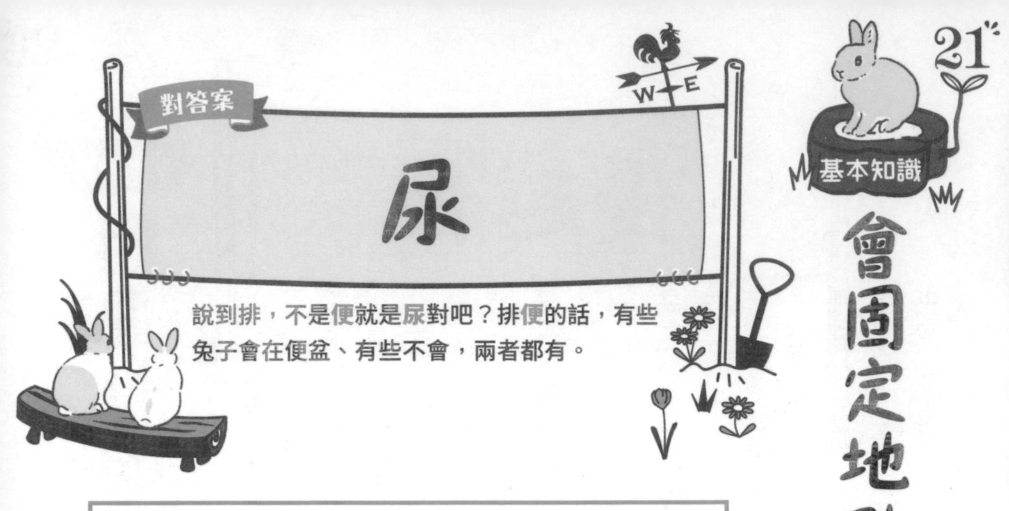

說到排，不是便就是尿對吧？排便的話，有些兔子會在便盆、有些不會，兩者都有。

野生的兔寶寶在兔媽媽過來餵奶時，就會鑽出來到牧草堆的表面，喝完母奶後，再當場（牧草的表面）尿尿。多虧如此，床鋪（牧草的內側）不會被弄濕。長大後，**在巢穴裡也會把床鋪和廁所選在不同地方。**

基於這個習性，兔子雖然會記得廁所的地點，但如果不中意所準備的便盆，或者當牠們覺得放有便盆的籠子內是床鋪、在籠子外的房間某處定為廁所等時候，牠們就不會使用廁所。

提到一個字又可以拔的東西，應該只有毛吧？母兔的飼主當中，說不定也有人看過。

基本知識 22

拔自己的□築巢

母兔交配後，幾乎都會懷孕。懷孕期間約31、32天，接近生產時，牠們就會開始築巢。巢穴（兔子洞）一般會築在斜坡等地方，而母兔之間會為了爭奪上面的房間這種更能安全地生產育兒的地點，而不停互鬥。房間決定後，便會用牧草和毛把它鋪滿，做成柔軟的產房。

照理說，沒有接觸過公兔卻開始拔毛，有可能是壓力的關係，但有時也可能是假性懷孕。

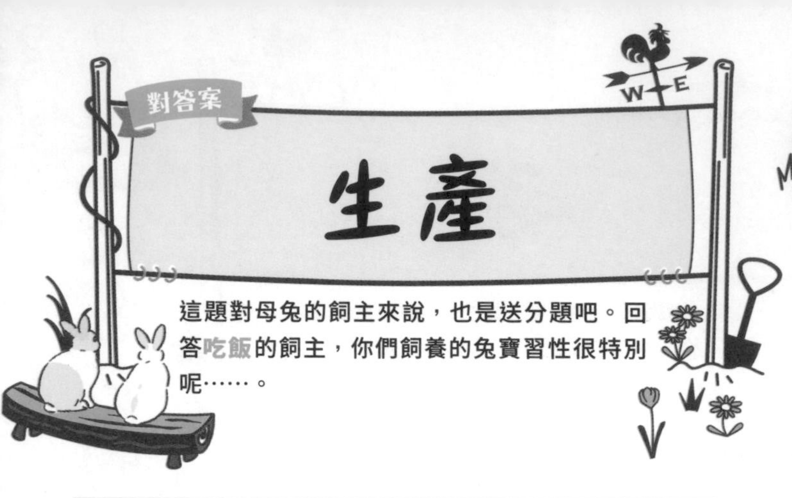

這題對母兔的飼主來說，也是送分題吧。回答吃飯的飼主，你們飼養的兔寶習性很特別呢……。

搬運牧草準備

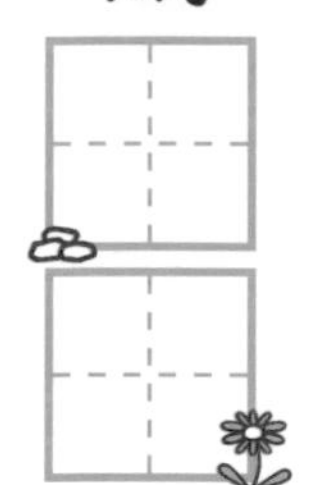

隨著生產時間接近，母兔會尋找生產的地點。雖然有時也會使用巢穴中的一個房間，但大部分都會在巢穴的附近另外挖洞。這是因為就算原來的巢穴被敵人發現，事先把兔寶寶分開到不同出入口的巢穴中，便得以逃過一劫。

地點決定後，就會用嘴銜著牧草搬運到產房，再拔下自己的毛鋪上去，做成寶寶專屬的溫暖而柔軟的巢。牧草的搬運行為也和41頁一樣，如果沒有接觸過公兔，則有可能是假性懷孕。

30秒

轉眼也是正確答案！一轉眼間竟然就完成交配，沒有為兔子做結紮手術的主人要留意！

交配□□就結束

公兔一旦進入繁殖期，就會尋找發情的母兔。發現母兔後會抬高屁股，在附近走來走去。有時還會迅速噴尿，向母兔求愛。

通常母兔會不理公兔繼續吃草，但如果有意接受的話，便會靠近公兔搖擺尾巴，表示「OK」。接著公兔就會騎到母兔身上輕咬脖子並進行交配，結束後滑落到母兔的身旁。這個過程僅僅30秒，非常短暫。

一天哺乳□～□次

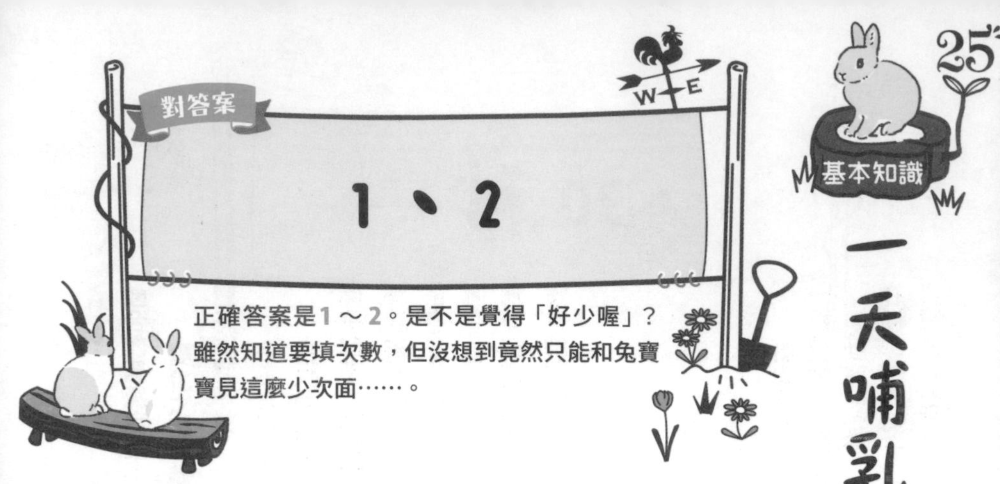

正確答案是1～2。是不是覺得「好少喔」？雖然知道要填次數，但沒想到竟然只能和兔寶寶見這麼少次面……。

雖然兔媽媽會繼續在生產的巢穴裡育兒，但平常是在別的巢穴生活。**只有一天1～2次為了哺乳才會到兔寶寶的身邊。**哺乳約5分鐘，一結束，兔媽媽便會將兔寶寶所在的巢穴出入口用土埋起來。

這麼做是為了避免讓敵人發現。兔媽媽跟寶寶待在一起會增加被敵人發現的風險，而且即使被敵人發現了，兔媽媽也無法與之對抗。

為了保護孩子的生命，才會像這樣分居育兒。

還想知道更多！**補習課程**

可餵食兔子的野草圖鑑

遵守基本飲食（牧草＋顆粒飼料）的同時，像野生時代一樣享用野外生長的草或葉子也很不錯唷！

注意！

- 確定安全無虞的食物才能給兔子吃。
- 在公園等地方摘採時，要在沒有噴灑農藥、除草劑之類安全的地方採，並於清洗後再餵食。
- 小心不要餵食過量。在野外生活時也不會只吃同樣的植物。

蒲公英

具有利尿作用，可調節消化機能。嗜口性高，因此需留意不要餵食過量。

艾草

具有獨特香氣，含豐富維生素。

狗尾草

禾本科，俗稱「逗貓棒」。莖和葉有嚼勁，有益牙齒。

薄荷

有助於調節消化機能，減少腸道脹氣。香氣似乎也有增進食慾的效果。

落葉樹的樹葉

櫸樹、桑樹、麻櫟等樹的樹葉，到了落葉時節纖維質就會增加。

橄欖

被認為具有抗菌作用。可為高齡的兔子補充能量。

兔子的品種圖鑑

介紹被當成寵物兔飼養的10個受歡迎品種！

荷蘭侏儒兔

- 原產國：荷蘭
- 體型：1kg上下

小小的身體配上短短的耳朵非常可愛，是在日本最受歡迎的品種。個性活潑，尤其是母兔，很多都很好強。

澤西長毛兔

- 原產國：美國
- 體型：～1.5kg

誕生於美國紐澤西州。在長毛種當中屬於較不容易形成毛球、易於照料的品種。

荷蘭垂耳兔

- 原產國：荷蘭
- 體型：～1.8kg

是由荷蘭侏儒兔與長耳朵的英國垂耳兔交配所生。在日本受歡迎程度和荷蘭侏儒兔不相上下。大多個性溫和。

迷你兔

▶ 原產國：？
▶ 體型：各式各樣

迷你兔是米克斯種（混種）的總稱，各種體型、毛色、性格的兔子都有。

獅子兔

▶ 原產國：比利時
▶ 體型：1.5kg上下

如獅子鬃毛般濃密的毛是其特徵。似乎很多個體性格都較為膽小。

英國安哥拉兔

▶ 原產國：土耳其
▶ 體型：3kg左右

安哥拉種的歷史悠久，據說是發祥於18世紀前半的土耳其安哥拉。美麗濃密的毛也被利用在毛織品。

美國長毛垂耳兔

▶ 原產國：美國
▶ 體型：～1.8kg

由荷蘭垂耳兔與法國安哥拉交配所生。蓬鬆、圓滾滾的體態很迷人。

侏儒海棠兔

▶ 原產國：德國
▶ 體型：1.3kg上下

眼睛周圍有明顯的黑色眼線，隱約帶有異國風，是很受歡迎的品種。眼周以外是純白色的。

佛萊明巨兔

▶ 原產國：歐洲
▶ 體型：5、6kg以上

ARBA公認的最巨大兔子品種。大的個體甚至可達10kg以上。性格溫和敦厚。

迷你雷克斯兔

▶ 原產國：美國
▶ 體型：1.3～2kg

具有如天鵝絨般觸感的毛，撫摸過一次就難以忘懷。肌肉發達，好奇心也旺盛。

※ARBA……美國家兔繁殖者協會（American Rabbit Breeders Association）。是世界等級的兔子組織，為了保護純種，會召開兔子的鑑定會等等。

LESSON 2 兔子的身體

兔子的身體構造
真是太完美了！
容我帶著這自傲的心情
出23道題目考考各位。

聽說兔子的身體有各種厲害之處

今天來學學關於兔子身體的祕密吧！

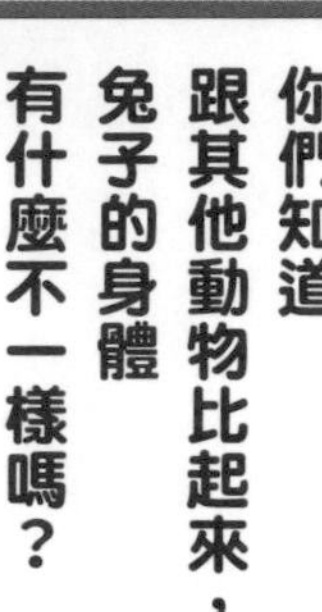

你們知道跟其他動物比起來，兔子的身體有什麼不一樣嗎？

我知道！跟其他動物比起來可愛多了。

不是指這個啦……

是耳朵嗎？這麼長又厲害的耳朵，其他動物應該沒有吧？

哇！TIFFANY同學注意到很不錯的地方。那你們覺得這個長耳朵是做什麼用的呢？

LESSON 2 兔子的身體

必須從食物中攝取

回答營養的人勉強算△。雖然也沒有錯，但在營養當中，兔子的飲食又以纖維最為重要。請給我們纖維質豐富的牧草！

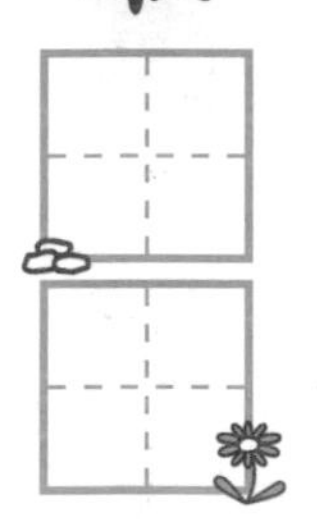

在野外生活的時候，兔子平常會吃草或芽、種子或根，在食物短缺的冬天就吃樹皮或樹葉等等。這些植物的營養價值低，也很難消化。

為了從這些植物裡取得營養，兔子的消化道構造非常獨特。

為了促進消化道運動，並調節腸內環境，牧草內所含的纖維質不可或缺。再加上以牙齒磨碎牧草吃下，也能適度消磨不斷長長的牙齒。

可以說兔子的健康祕訣就在於食用牧草。

吃下的東西會經過□□2次

對答案

腸道

消化道也是正確答案，但字數超過囉。**嘴巴**或**胃**確實也是有經過啦……，就額外也算對吧。

很多草食性動物都會透過反芻消化植物，但**兔子是讓食物通過消化道2次來消化**（↓55頁）。

簡單來說，就是把第1次以糞便形式排出的東西再一次吃進去。在巢穴中也會有這種「把糞便吃回去」的行為，優點是可以安全地填飽肚子。

為了保持這個消化循環正常運作，纖維質是絕對必要的。特別推薦的是禾本科的提摩西牧草，熱量及蛋白質、鈣質的含量都低，對兔子來說是最理想的食物。

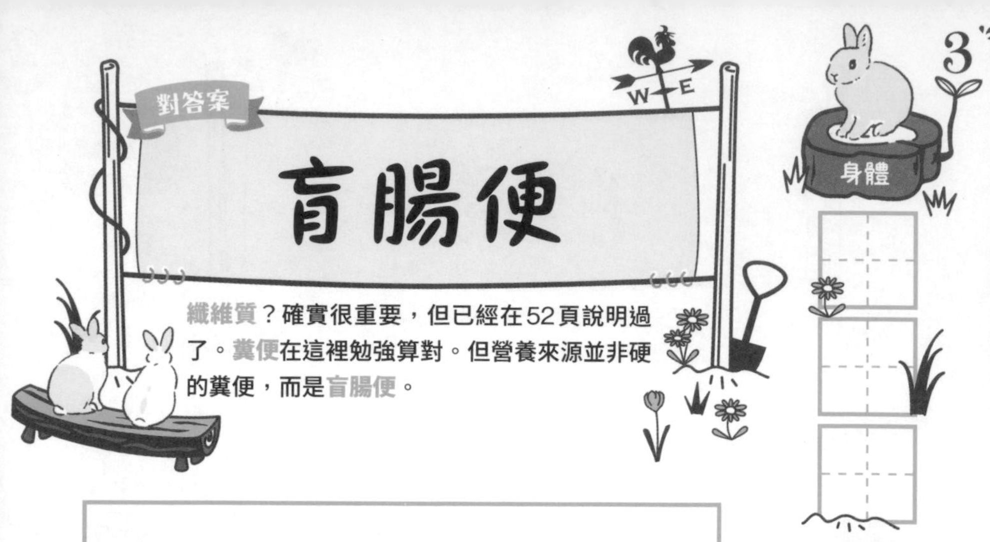

纖維質？確實很重要，但已經在52頁說明過了。糞便在這裡勉強算對。但營養來源並非硬的糞便，而是盲腸便。

是重要的營養來源

糞便分為普通的硬便及柔軟而富含營養的盲腸便2種。

雖稱為糞便，其實占了維持兔子體能所需的熱量約12～40%，是重要的營養來源，所以一定要吃。

由於是直接把嘴巴湊近肛門吃掉，飼主一般沒有看過盲腸便。盲腸便是以黏膜包覆、形狀猶如成串葡萄，和硬便完全不同，如果掉落的話應該馬上就能分辨出來。

還想知道更多！

兔子的消化系統

兔子為了消化難以消化的植物，因此有著劃時代的消化系統！

嘴 以門牙將草咬斷，再以臼齒嚼碎。

胃 以極強酸的胃液防止帶有病菌的微生物入侵。

小腸 消化吸收纖維質以外的物質。

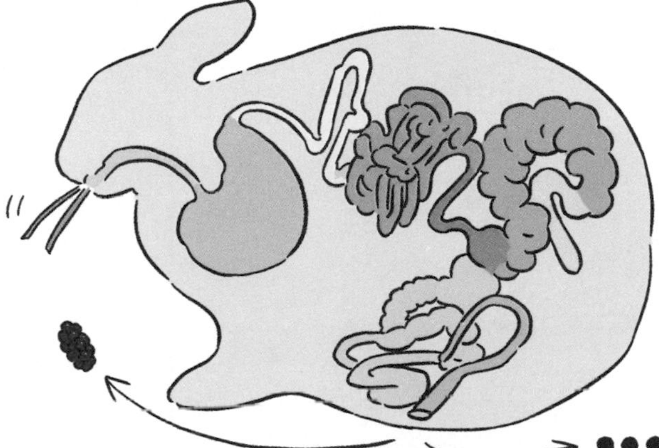

大腸（盲腸、結腸）

將吃下去的東西分類成兩種。

粗纖維直接往結腸前進，小於0.3mm的粒子送往盲腸。

盲腸

腸內細菌（Bacteria）會分解植物的細胞壁（Cellulose），並使之發酵，形成蛋白質和維生素，以盲腸便的形式排出。

結腸

粗纖維促進大腸蠕動，形成圓形的硬便排出。

盲腸便

從嘴巴再次進入體內，和食物一樣被消化。

正常的糞便直徑約□cm

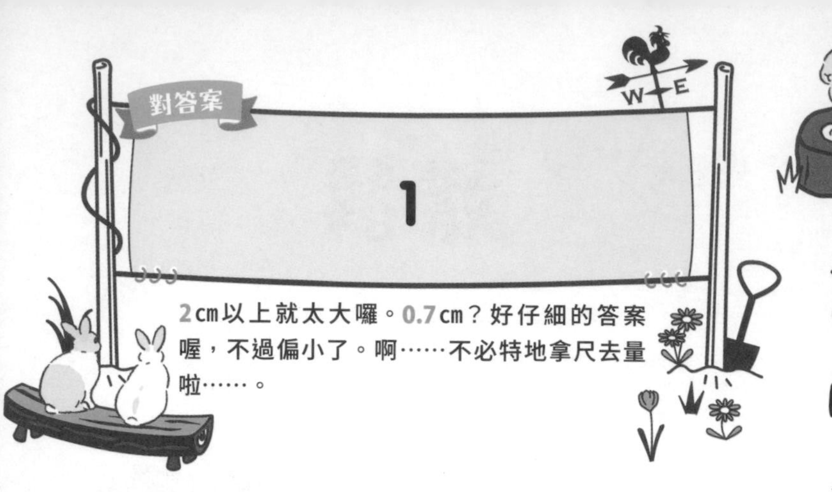

2cm以上就太大囉。0.7cm？好仔細的答案喔，不過偏小了。啊……不必特地拿尺去量啦……。

為使獨特的消化系統正常運作，確實讓兔子吃下富含纖維質的牧草是非常重要的。然而，和人類一起生活的兔子，由於吃了比牧草美味且營養價值過高的食物，很容易導致消化道出問題。

糞便是消化道正常與否的指標。形狀非圓形，或是偏小、太軟等等，都必須重新檢視食物的內容。

正常的糞便是偏綠的咖啡色，撥開來就看得出是由纖維的殘渣所構成。

5 身體

兔子的□□是混濁的白色

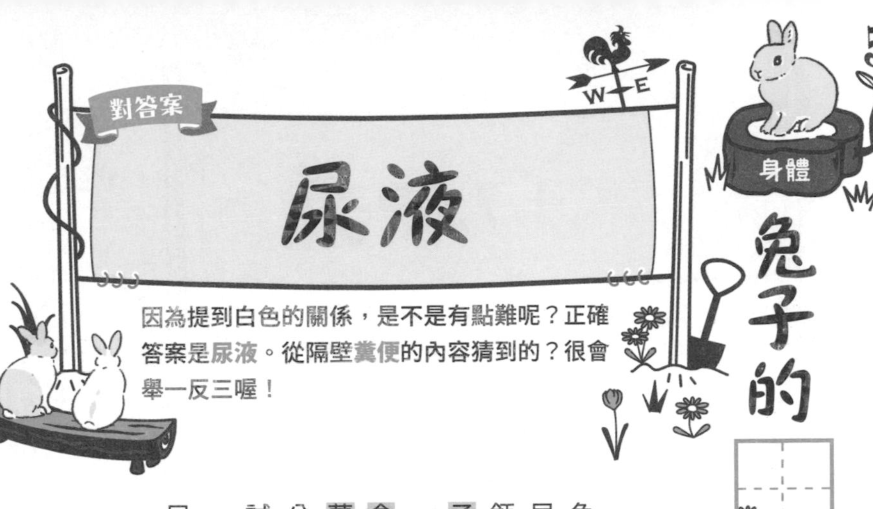

因為提到白色的關係，是不是有點難呢？正確答案是**尿液**。從隔壁**糞便**的內容猜到的？很會舉一反三喔！

兔子會排出白色或淡黃色、呈現不清澈乳霜狀的濃稠尿液。哺乳類會將攝取過量的鈣質隨著糞便一起排出，但兔子則是透過尿液將鈣質排出。

此外，尿液的顏色也會因食物而有所改變，例如吃過紅蘿蔔後會排紅色的尿液。要區分血尿可以透過醫院或以尿液試紙檢查「潛血」項目。

與成兔不同，幼兔時期的尿液是清澈透明的。

6

身體

單眼的視野廣達□□□度

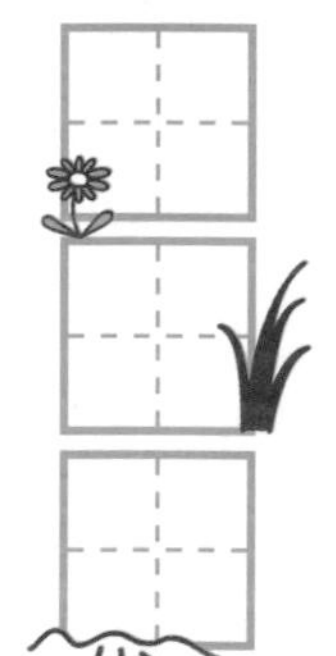

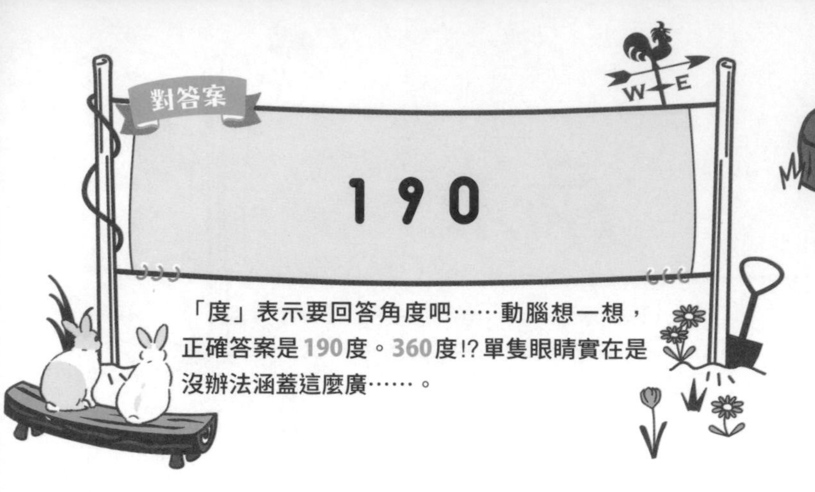

「度」表示要回答角度吧……動腦想一想，正確答案是190度。360度!?單隻眼睛實在是沒辦法涵蓋這麼廣……。

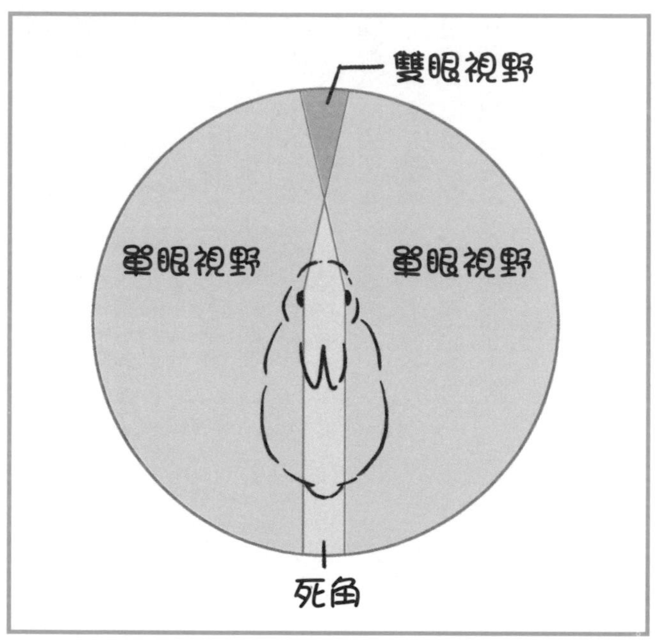

草食性動物的眼睛長在側面，肉食性動物的眼睛長在前方。這是因為草食性動物為了察覺天敵靠近所以視野寬廣，而肉食性動物則必須靠雙眼盯緊並靠近獵物的緣故。

兔子的眼睛也是長在臉的兩側，單隻眼睛可以看見很寬廣的範圍。即使不把臉轉過來，也能確實發現從後方接近的敵人。

雖然單眼具有傲人的寬廣視野，但雙眼看到的範圍極窄。不擅長將物品看成立體，或是看垂直上下的動態。

還想知道更多！補習課程

兔子的視覺

兔子其實不太倚賴來自視覺的資訊。但得以在第一時間察覺從背後靠近的東西，這寬廣的視野還是讓我們引以為傲。

單隻眼睛各看到190度，幾乎可以看到360度，但臉的正前方和正後方是死角。

視力不太好，和人類的近視一樣，只能看到模模糊糊的東西。

光的敏感度據說是人類的8倍，在昏暗的地方也看得見。

應用問題

問題）兔子看得最清楚的是什麼色和什麼色？

解答）藍色和綠色看得最清楚。

7 身體

視野雖然寬廣但看不見

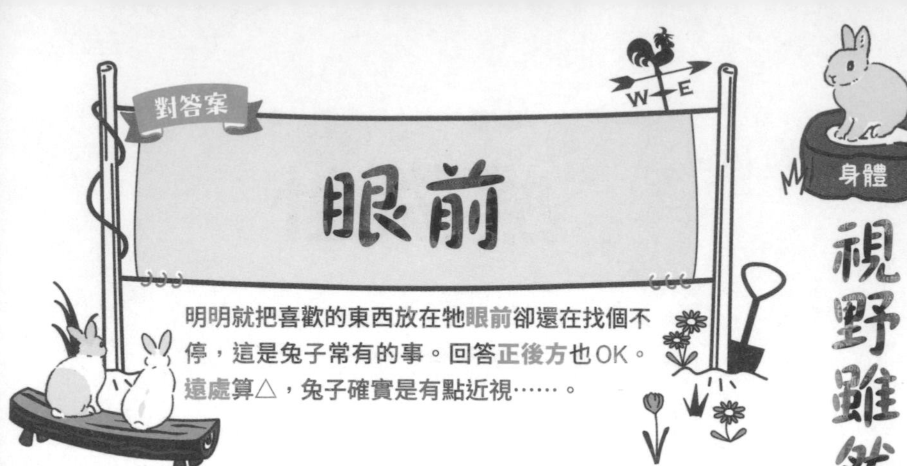

明明就把喜歡的東西放在牠**眼前**卻還在找個不停，這是兔子常有的事。回答**正後方**也OK。**遠處**算△，兔子確實是有點近視……。

從59頁的圖就可以得知，**眼睛和眼睛之間的部分是死角。**雖然似乎有點缺憾，不過在逃離敵人或覓食之際，並不會造成什麼不便。

此外，因雙眼視覺看得到的部分有限，故**不擅長將東西看成立體，或者看垂直上下的動態。**不過，兔子並非在樹上生活，以在地面上生活來說算是很夠用了。

然而，由於不擅長判斷高度，所以有時也會發生被主人抱著不知道高度，突然跳下去而導致骨折等危險的情形。

8 身體

長長的耳朵善於□□□□

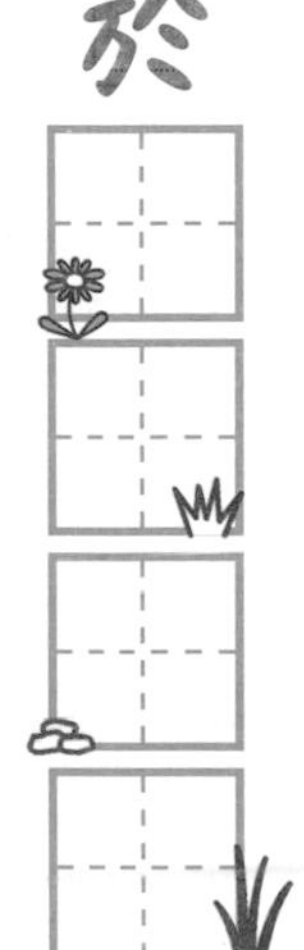

對答案

收聽聲音

正確答案是**收聽聲音**。**收集情報**也算你對吧。**起死回生**？**天下無敵**？不是只要4個字的成語都可以喔！

要說兔子的耳朵為什麼這麼長，原因還是為了在第一時間逃離敵人。長而大面積的耳朵，可以捕捉到許多聲波。

由於耳根的肌肉發達，故可以如同天線般隨心所欲將耳朵分別朝左朝右，朝向希望的方向轉，從四面八方探測音源。

此外，耳朵還具有調節體溫的功能。像是跑動後身體過熱時，便會冷卻耳朵上眾多血管的血液，循環至全身以降溫。

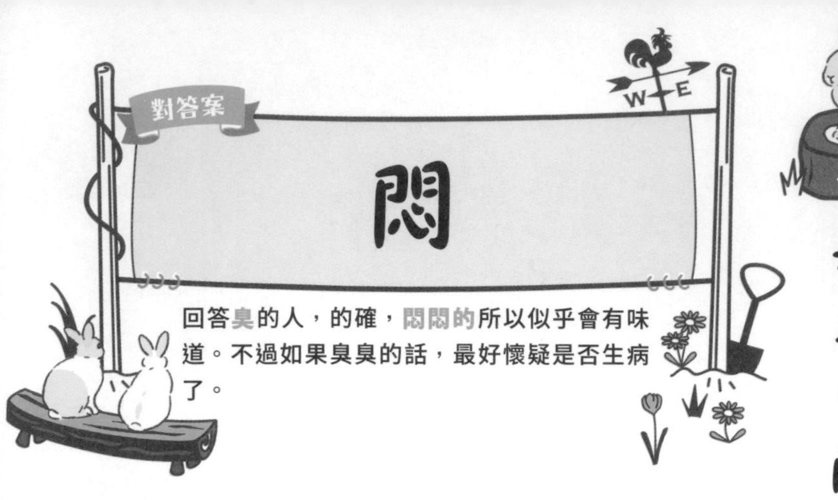

回答**臭**的人，的確，**悶悶的**所以似乎會有味道。不過如果臭臭的話，最好懷疑是否生病了。

垂耳兔的耳朵內側很□

兔子的耳穴是垂直向下延伸，這樣的構造使得裡面很容易堆積耳垢。**尤其是垂耳兔種，由於耳朵下垂通風不好，耳垢更加容易堆積。**雖然必須定期檢查，**但為避免清理時傷到耳朵，務必到動物醫院請教正確的清潔方法。**

對了，垂耳兔的聽力比耳朵豎立的兔種來得差，但還是遠遠優於人類。

有時候牠們好像會用耳朵遮住眼睛，那其實是正在把耳殼朝向聲音來源的方向。

兔子飼育圖鑑

▸▸▸（科目）**兔子的聽覺**　問題》請回答是真的還是假的。

問題1　兔子的耳朵可以清楚聽到高週波的聲音。▸▸▸

解答　真的

兔子的聽力很好，據說能夠聽到360～42000Hz的聲音（人類為20～20000Hz），也聽得到人類無法聽到的高週波（高頻）聲音。在野外生活時，似乎就是靠捕捉猛禽類發出的超音波來逃難。

問題2　野兔的耳朵比穴兔來得長。▸▸▸

解答　真的

穴兔的耳朵長度和野兔的耳朵長度相比，野兔的耳朵比較長。有此一說是因為沒有巢穴，耳朵的長度不會構成妨礙，再加上必須更加警戒的關係，耳朵就變長了。

問題3　所有垂耳兔種都能動耳朵。▸▸▸

解答　假的

垂耳兔種為了探測音源和把聲音聽得更清楚，可以將下垂的耳朵往前或往後動。但是垂耳兔當中也有些兔子不會動耳朵。好像耳朵位於眼睛下方的話，就無法動耳朵。

10

身體

鬍鬚的長度跟□□差不多

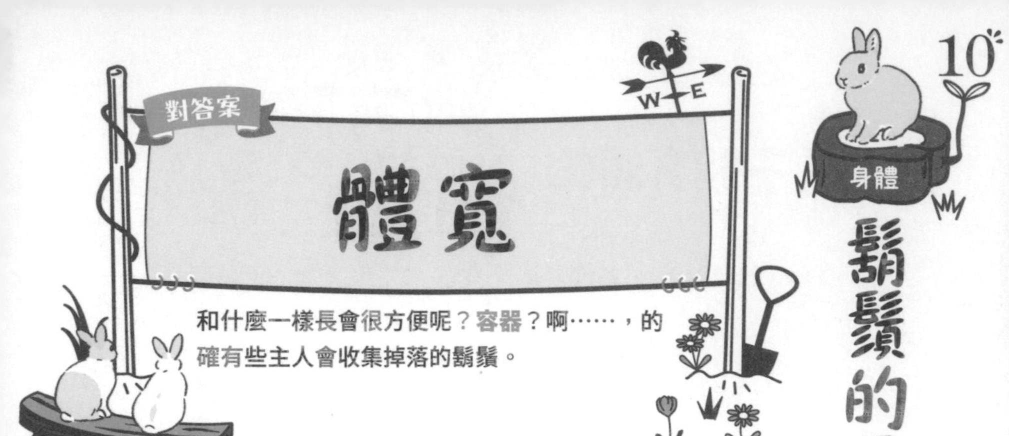

和什麼一樣長會很方便呢？容器？啊……，的確有些主人會收集掉落的鬍鬚。

鬍鬚的根部接連著神經，具有將接觸到的資訊傳遞到腦部的功用。於野外生活時，在地下隧道或黑暗巢穴中為得知寬度等資訊，鬍鬚的觸覺非常重要。

除了兩頰有鬍鬚，從嘴邊到鼻子，還有眼睛上方也都有鬍鬚。由於兔子看不清楚自己的嘴邊，所以都是仰賴鬍鬚的感覺。

兔子全身上下都有感受觸覺的感覺系統，因此疼痛或被撫摸很舒服等感覺都會傳遞到腦部。

鼻子不停抽動是因為在□□□□

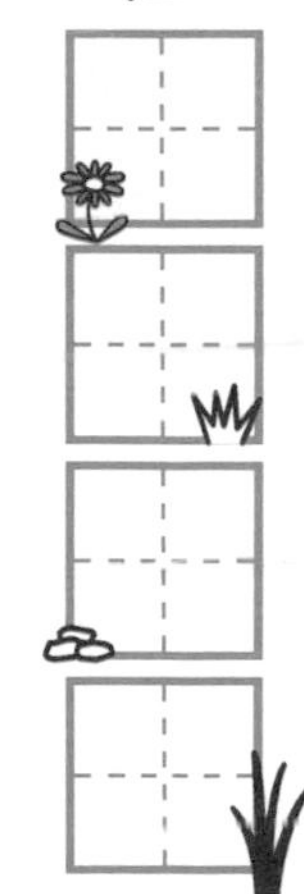

對答案

收集資訊

回答戒備、警戒的人，雖然字數不符合，也算答對。至於聞味道雖然有點牽強，也算○吧。

比起視覺，兔子的聽覺和嗅覺更為發達。這是因為必須在敵人出現於眼前之前，還在很遠處的階段就要及早偵測到，以便安全地逃生。從氣味獲得的資訊對生存而言至關重要，除了判斷是否有敵人，像是尋找糧食、尋找繁殖對象這些時候，也都派得上用場。

因此，兔子醒著的時候鼻子會不停抽動，隨時收集資訊。

從鼻子抽動的速度，還可以得知兔子是警戒中還是放鬆（↓95頁）。

12 身體

以□□□決定交配對象

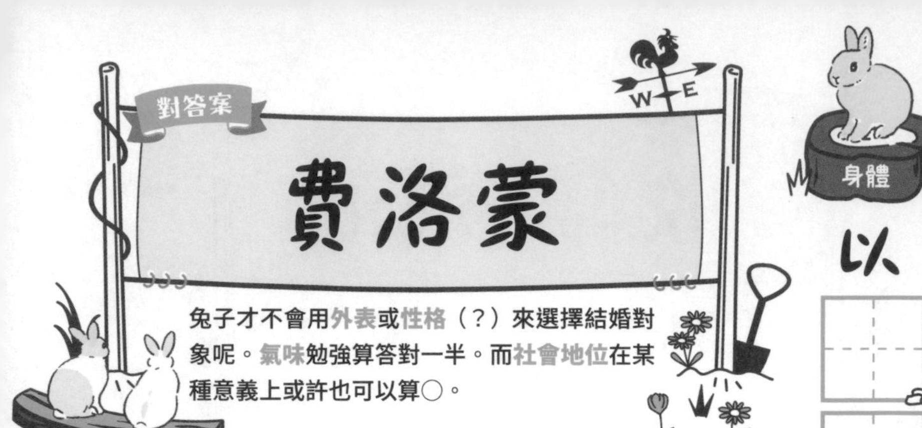

兔子才不會用**外表**或**性格**（？）來選擇結婚對象呢。**氣味**勉強算答對一半。而**社會地位**在某種意義上或許也可以算○。

兔子會透過稱為「鋤鼻器」的器官偵測費洛蒙，尋找交配對象。感應食物或敵人的氣味雖然是靠鼻子裡面的嗅覺細胞，但費洛蒙和這些氣味的接收位置、傳達資訊的腦部區域都不相同。

費洛蒙是由小便、下巴還有屁股的臭腺所分泌，可以得知對方的性別和是否達到可交配、繁殖的階段，以及在團體裡的順位等等。不論是公兔還是母兔，地位較高的個體似乎較能有技巧地運用費洛蒙。

從兔子同伴到主人等，不論什麼都是靠氣味來辨識。

兔子的優異嗅覺，從接收氣味的「嗅覺細胞」數量比較就可以得知（請參照右邊的數值）。

藉由抽動鼻子開闔鼻孔，隨時嗅聞周遭的氣味。而在自己的勢力範圍則留下臭腺釋出的氣味，以宣示主權。兔子間的交流是透過氣味來進行的。

細胞數量

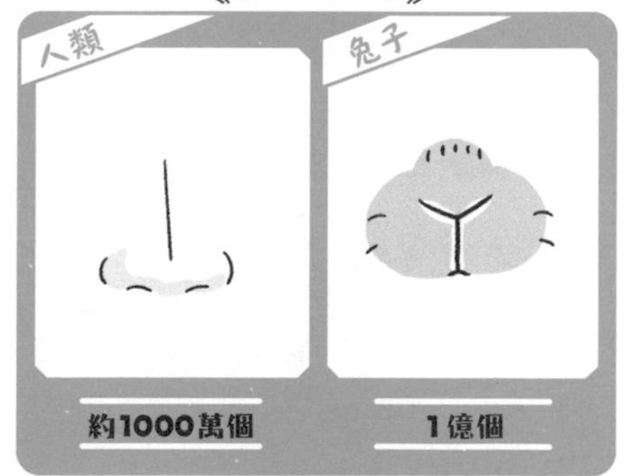

應用問題

問題）兔子1分鐘抽動鼻子幾次呢？

解答）兔子很會動鼻子，據說1分鐘抽動達20～120次。要不要試著數數看呢？接近20次左右、次數偏少的話，應該是處於放鬆狀態。

這個動作是正在以前腳沾唾液來洗臉。嗅聞氣味後，也會像這樣用前腳摩擦鼻了清潔乾淨。用前腳摩擦以去除鼻子上沾附的氣味，為嗅聞下一個氣味做好準備。

13 身體

兔子的味覺很□□

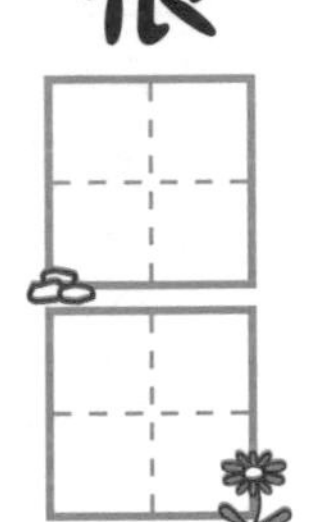

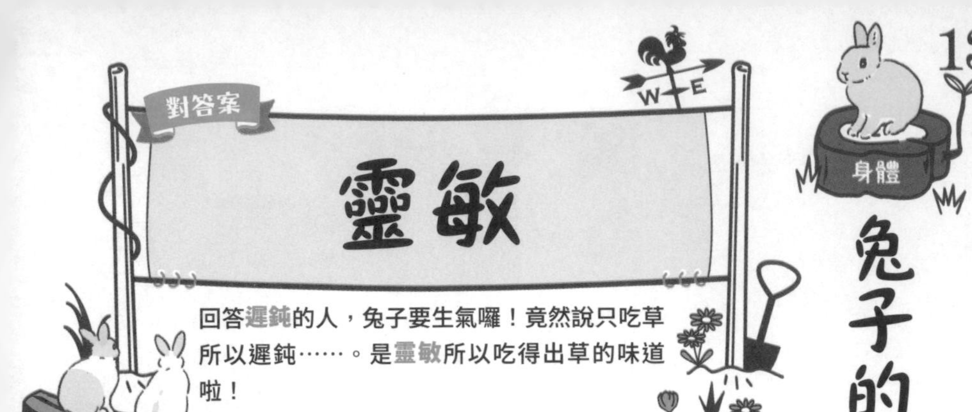

回答**遲鈍**的人，兔子要生氣囉！竟然說只吃草所以遲鈍……。是**靈敏**所以吃得出草的味道啦！

野生的穴兔會從許多野生植物當中，挑選有營養且美味的來吃，不吃有毒植物和有刺的植物這類一般來說不可口的植物。**味覺對於判斷安全且可口與否很重要。**

探測味覺是透過舌頭上名為「味蕾」的器官，人類的話大約有5000～9000個左右，而兔子的舌頭上則有多達17000個。

牧草的產地或批次有所改變就不吃，原因就在於敏銳的味覺。

14 兔子的□□有兩排

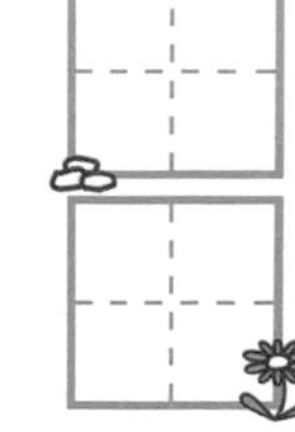

對答案

門牙

前齒也算對！回答**上門牙**的人，知識很豐富喔！門牙在打哈欠的時候很容易讓人看入迷對吧。

兔子最前面的「門牙」從正面看起來好像只有2顆，其實在那後面還藏著2顆，共長了兩排。兔子在分類上也被稱為「重齒目」，由來便是因為門齒的形狀。

兔子的牙齒共有28顆，**門齒生長時，上門牙會遮住下門牙，負責咬斷堅硬的牧草。**

此外，門牙在理毛時也會用到，用來去除毛或皮膚上的髒汙，把毛髮理順。

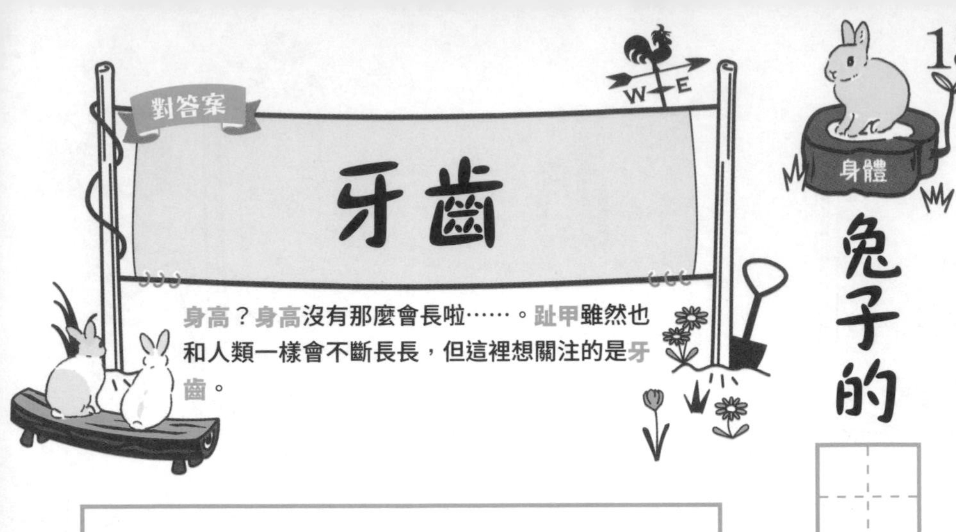

15

兔子的□□會終生持續生長

身高？身高沒有那麼會長啦……。趾甲雖然也和人類一樣會不斷長長，但這裡想關注的是牙齒。

人類的牙齒在完成生長後，牙根就會封閉不再生長。然而，兔子的牙齒牙根不會封閉，而會維持開放，持續製造形成牙齒的細胞和組織，因此終其一生牙齒都會不停長長。

咬合正常的話，牙齒透過吃東西或磨牙便會漸漸磨損，沒有過長的問題。但如果咬合出問題的話，牙齒會不斷長長，導致無法進食或損傷顏面等問題，必須到動物醫院定期磨牙或剪去持續長長的牙齒。

兔子的牙齒

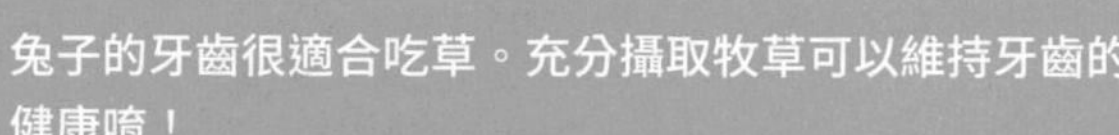

兔子的牙齒很適合吃草。充分攝取牧草可以維持牙齒的健康唷！

《 正常的咬合 》

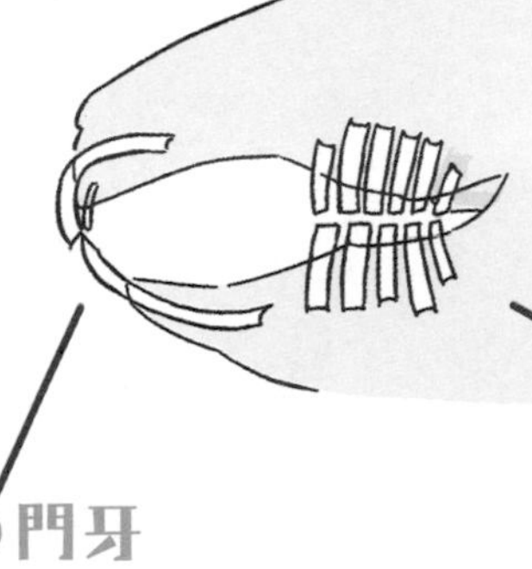

牙齒會持續長長

終其一生門牙和臼齒都會不斷長長。上下咬合正常的話，透過吃草使上下齒順利磨合，便得以適度磨損。

門牙

以門牙咬斷草。正常咬合時，下門牙會落在上面兩排門牙之間。

臼齒

下顎左右移動，利用上下排臼齒將吃進去的草磨碎。下顎1分鐘可運動高達120次。

應用問題

問題）兔子的門牙1個月大約長多少呢？

解答）根據資料顯示，上門牙1個月大約長8㎜，下門牙1個月長1㎝左右。

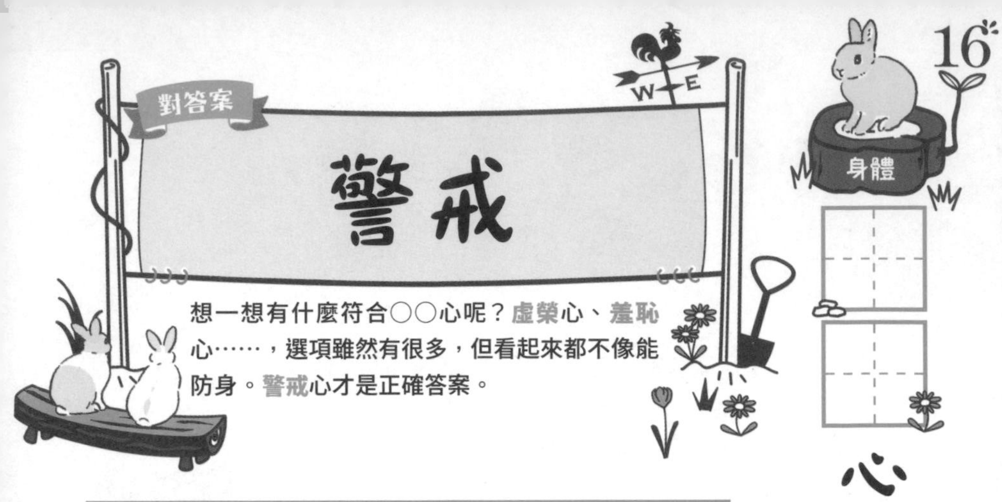

想一想有什麼符合〇〇心呢？虛榮心、羞恥心……，選項雖然有很多，但看起來都不像能防身。警戒心才是正確答案。

心強是為了防身

在野生時代被各種動物虎視眈眈的兔子，在敵人靠近之前，透過一點點聲響或氣味察覺危險，因而得以生存至今。正因為如此，牠們對於些微的變化都很敏感。

知道家裡很安全的話，會展現出放鬆的姿態。但也可能由於異於往常的客人造訪或是施工的聲響，而一口氣轉為警戒模式。

處於警戒模式時，為了不加深其恐懼，主人也要冷靜以對才行，請以溫柔的聲音對牠說「沒關係」之類的。

在日本的野外山林裡，有一種名為野兔的兔種。野兔和我們的祖先穴兔完全不同，警戒心更強，基本上無法適應人類。

安哥拉校長

野兔的特徵

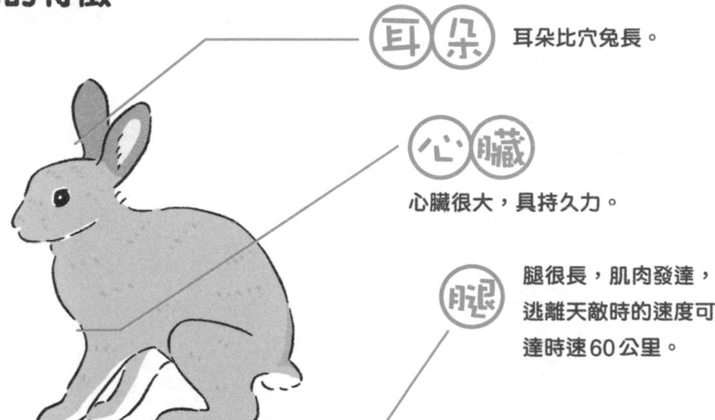

耳朵
耳朵比穴兔長。
心臟
心臟很大，具持久力。
腿
腿很長，肌肉發達，逃離天敵時的速度可達時速60公里。

（其他）

- 由於沒有巢穴，比穴兔的警戒心更強。
- 不群居、單獨生活，因此無法適應人類。
- 兔寶寶出生時有毛且眼睛是睜開的。
除了母兔一天過來餵奶一次之外，其餘時間都躲在草叢中等待。
- 在會下雪的地方，冬天會改長出白毛。

野兔的正式名稱是「日本野兔」，聽說只有日本才有呢！

17

身體

骨骼肌的量超過體重的□□%

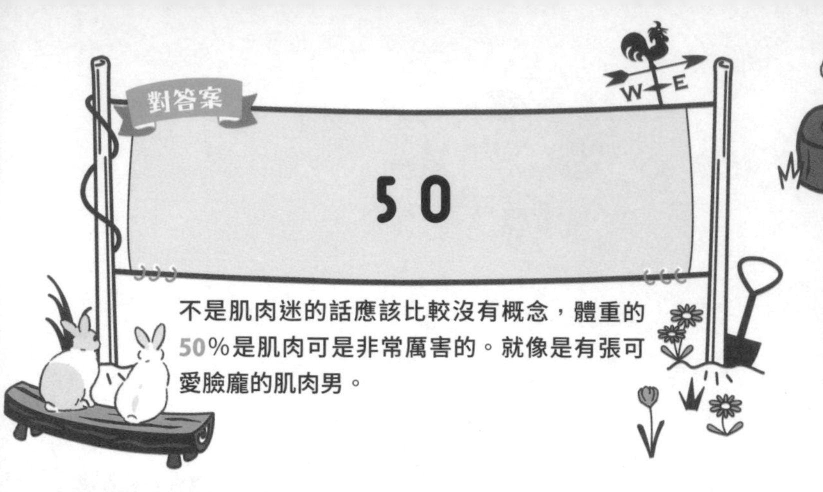

不是肌肉迷的話應該比較沒有概念，體重的50%是肌肉可是非常厲害的。就像是有張可愛臉龐的肌肉男。

骨骼肌是指支配骨頭運動的肌肉。**特別發達的是後腿的大肌肉。**

野兔全力奔跑時，時速可達60公里，但穴兔由於只需要全速衝刺到藏身的巢穴即可，因此速度並不如野兔來得快。儘管如此，逃走的速度還是飛快，這速度便是來自於後腿發達的肌肉。

要活動肌肉，必須將氧氣和熱量輸送至肌肉，而負責供給這些的心臟，穴兔偏小，僅占體重的0.3%左右，狗則是占體重約1%。

18 骨頭很□，所以容易骨折

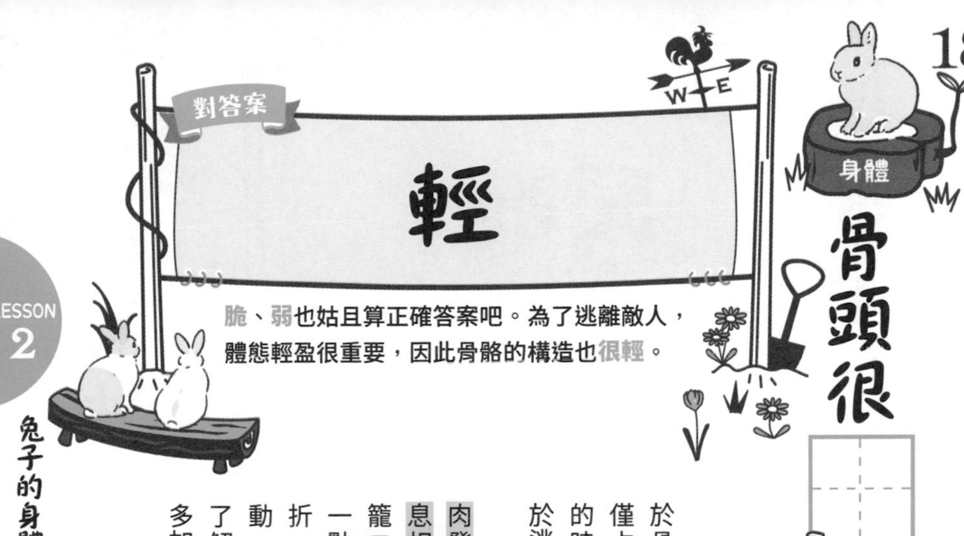

脆、弱也姑且算正確答案吧。為了逃離敵人，體態輕盈很重要，因此骨骼的構造也很輕。

兔子的骨頭非常輕，相對於骨骼肌占體重的50%，骨骼僅占了7～8%。在野外生活的時候，優點是身體輕盈、易於逃生。

然而，以寵物來說，「肌肉發達骨骼輕」和容易骨折息息相關。從高處墜落，或是在籠子裡跳躍，日常生活中的一點小意外，都有可能造成骨折。也曾有不願意被抱住而亂動，導致脊椎骨折的例子。請了解兔子容易骨折的特性，並多加留意。

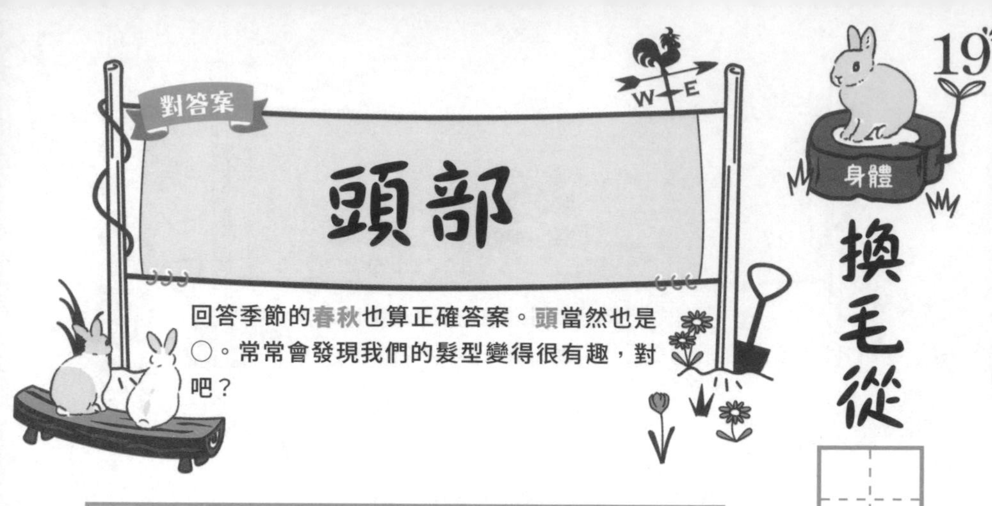

對答案
頭部
回答季節的春秋也算正確答案。頭當然也是〇。常常會發現我們的髮型變得很有趣，對吧？
W
E
19
身體

換毛從□□開始

兔子的毛有短而柔軟的被毛，以及上面覆蓋的長被毛，用以保護身體。

在野外生活時，換毛會從3月開始、在10月完成，從頭部開始換毛這一點和寵物兔相同。但寵物兔每3個月就會換毛，特別劇烈的是春季和秋季。

理毛時吞下去的毛會進入體內，交纏在纖維質裡成為糞便排出。沒有順利排出的話，腸胃將無法正常運作，甚至可能危及生命。

兔子飼育圖鑑

▸▸▸（科目）理毛（保養身體）的動作

問題》將動作和符合的說明用線連起來。

①

以前腳摩擦臉

②

舔身體

③

啪啪地拍前腳

Ⓐ 洗臉之前去除手上髒汙的動作。是住在巢穴時遺留下來的習慣，為的是去除前腳附著的泥土。

Ⓑ 在前腳沾上具有抗菌、除臭效果的唾液來洗臉。同時，也摩擦掉鼻子上附著的氣味。

Ⓒ 咬一咬或舔一舔身上的毛，以去除髒汙及氣味。搆不到的地方也會用後腳的趾甲去抓。

正解》③－Ⓐ ①－Ⓑ ②－Ⓒ

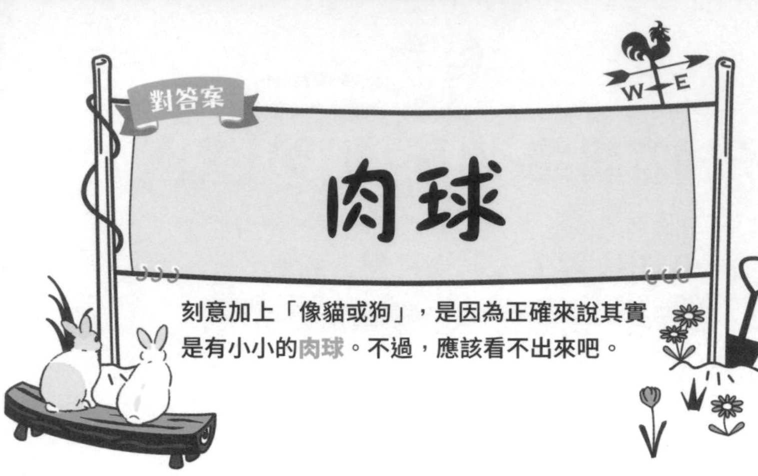

刻意加上「像貓或狗」，是因為正確來說其實是有小小的**肉球**。不過，應該看不出來吧。

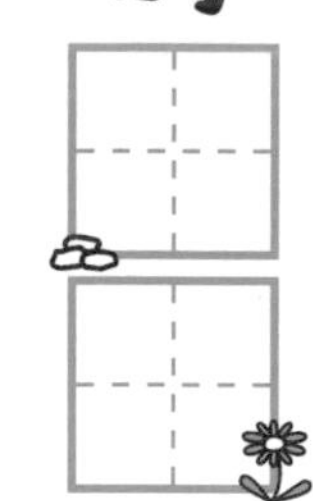

兔子的腳底沒有像貓或狗一樣的肉球，而是覆蓋著軟綿綿的厚毛。這種毛具有牢牢抓住東西的特性，多虧如此，即使在岩石等堅硬又易滑的地方，也能降低對腿部的衝擊，使腳底不易受傷、能舒適地移動。

只不過，家中的木質地板很滑，有導致骨折的危險。此外，也可能使腳底的毛變稀薄而引起發炎。為了預防，建議在兔子的活動空間鋪上軟墊之類。

回答**相同**的人請仔細看看兔子，長度完全**不同**吧？**不一樣**雖然字數不對，但也是正確答案。

21 身體

前腳和後腳的長度

兔子身體的特徵之一，就是後腳和前腳的長度天差地別。長長的後腳和後腳強而有力的肌肉，在以極速逃跑時可以發揮力量。而逃跑時，前腳只有輔助後腳動作的程度，並沒有太大的功能。然而，和袋鼠跳躍著移動比起來，前腳還是讓移動較為順暢。

雖短卻很強韌的前腳，主要是在挖掘巢穴的時候派上用場。

順帶一提，前後腳的腳趾數量也不一樣，前腳5隻、後腳4隻。

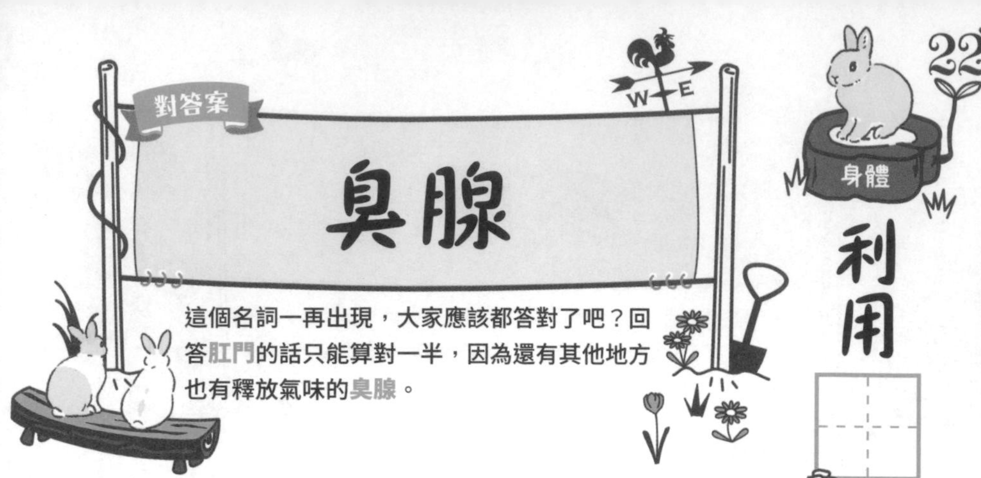

這個名詞一再出現，大家應該都答對了吧？回答**肛門**的話只能算對一半，因為還有其他地方也有釋放氣味的**臭腺**。

22

利用□□釋放的氣味做記號

透過氣味來交換各種資訊的兔子，**不論是主張地盤或繁殖期自我表現等等，都會將臭腺釋放出的氣味四處沾附在各種地方。**

臭腺位於下巴、生殖器旁的「鼠蹊腺」和肛門腺等3個地方。做記號的行為有用下巴摩擦、撒尿、留下糞便等等。想留下自己的氣味是兔子的本能，因此**為了做記號的大、小便是沒辦法戒掉的。**

母兔在2、3歲左右會變得明顯

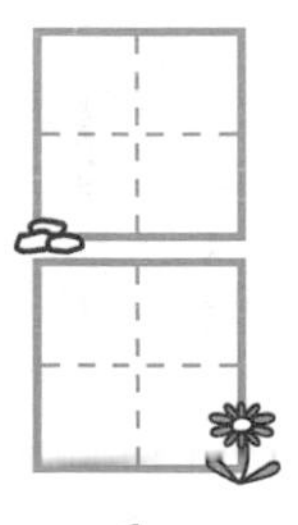

對答案

肉垂

也被稱為**圍巾**，所以圍巾也算正確答案。**肥胖**!? 母兔們會生氣喔！肥胖的話主人其實也要負一部分責任……。

公兔在出生4個月左右睪丸會開始降下來，因此大致分辨得出來。較為熟悉的人，能從母兔的尾巴下方有縱長的生殖口、和肛門之間的距離很短等條件，來分辨出公母。

而任何人都能分辨出母兔的，則是2～3歲左右出現在下巴下方的「肉垂」。在母兔身上可以看到這個俗稱「圍巾」的皮膚皺褶，懷孕時牠們會拔下周圍的毛用來築巢。乳頭的數量左右各4個成對，共有8個。有些兔子則有5對。

兔寶4格漫畫

特性篇

想被夾在中間

換毛種種

M字形

拱門

烏●派出所

怪醫黑●克

兔子的情緒

LESSON 3

兔子會透過各種方法表達自己的心情。
接下來將表情、姿勢、動作等
分成4個部分，共有48道題目。
一起來挑戰看看吧！

他懂我的心嗎？

嗯
咦？發生什麼事啦？

我在想怎麼讓主人知道我的心情。
喔？你想傳達什麼樣的心情呢？

我隔著籠子表達：之前住院回來時給我的那個好吃的東西「我還要！」……。
丟
……原、原來如此……

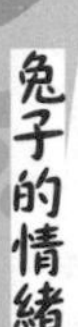

我家的主人都知道我什麼時候想要被摸摸、什麼時候想要靜一靜呢！

嘿嘿！

但是～主人為什麼會知道我們的心情呢？

咦……？

為什麼呢？

是超能力嗎？

這是因為……

悄悄

雖然不知道為什麼，但如果主人懂得我們的心情，真的讓人很開心呢！

對！對！

就是說啊～

即使不特別教，大家好像已經體會到最重要的事情了呢。

對呀！

「從表情解讀心情」

雖然兔子都被說面無表情，但其實只要抓住要訣，就能解讀牠們的心情。

觀察表情的要訣

眼睛

充滿活力、閃閃發亮的時候是健康、快樂的。瞇著眼睛時是放鬆。緊張、警戒中眼睛會睜大。

耳朵

豎直耳朵、把耳朵朝各個方向時，是正在收集資訊。耳朵往後壓低放下、睜大眼睛時是害怕。

鼻子

注意抽動的速度。快的時候是需要收集資訊時的警戒模式，慢的時候是不需要警戒、放鬆中。完全停止時則是睡覺的時候。

Point!

警戒中、不安、害怕時，眼睛和耳朵會緊繃，鼻子也會快速抽動。相反的，放鬆模式時，眼睛、耳朵、鼻子、表情整體都會放鬆。

1 表情

興奮時會露出

人類在驚訝的時候會不自覺地睜大眼睛，而兔子受驚嚇或害怕時也會睜大眼睛。這時，平常看不到的眼白就會露出來。

被相機的閃光燈或巨大的聲響等嚇到時會瞪大眼睛，發現沒有危險的話，則會恢復平常的表情。當牠全身蹲低、感覺害怕時，不要突然做動作或出聲，靜靜守候牠吧。

喜歡的東西出現在眼前等興奮的時候，也會全身用力、露出眼白。

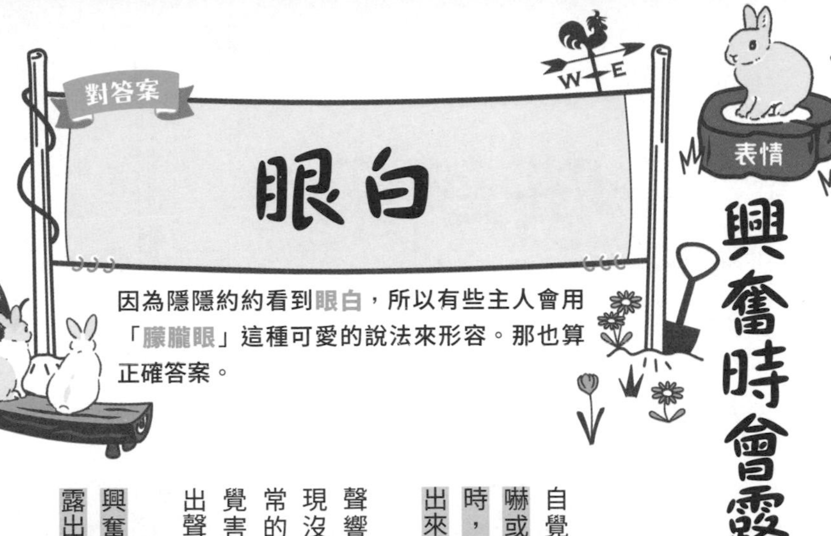

因為隱隱約約看到**眼白**，所以有些主人會用「**朦朧眼**」這種可愛的說法來形容。那也算正確答案。

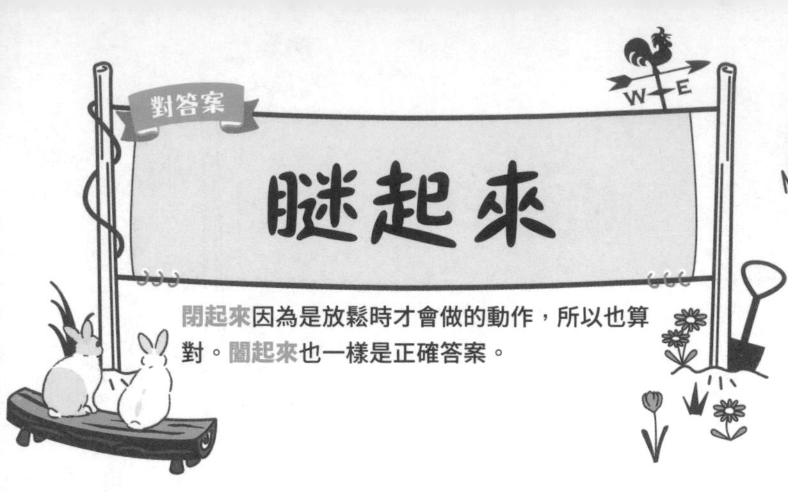

閉起來因為是放鬆時才會做的動作，所以也算對。**闔起來**也一樣是正確答案。

放鬆時眼睛會□□□

原本兔子就是在緊張狀態下生存至今的動物，甚至連睡覺時也都睜著眼睛，隨時都在偵測周圍有無危險。

然而，**會把眼睛瞇起來，表示知道現在的狀態沒有危險，是打從心底感到安心且放鬆的證據。**

有時被撫摸、覺得很舒服時，眼睛瞇著瞇著可能就不知不覺睡著了，這個瞬間對人類來說想必也是幸福無比的時光吧。連看的人也覺得好幸福呢！

兔子眼睛不會乾的理由

飼主A小姐

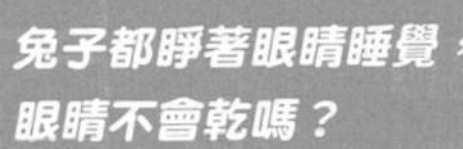

兔子都睜著眼睛睡覺，
眼睛不會乾嗎？

解説

兔子的眼睛有著人類所沒有、被稱為第3個眼瞼的「瞬膜」。它會覆蓋在眼睛的表面保護眼睛。瞬膜和上下眼瞼不同，是左右開闔的。
而眼淚的成分中也含有大量油脂，不容易蒸發。
看著兔子可能會以為「牠們都不眨眼睛耶」，但其實兔子並非完全不眨眼睛。1個小時10～20次，雖然次數少但還是會眨眼睛。

Re：　在野外生活時處於被獵捕地位的兔子，眼睛具有不閉上也不會變乾的構造。

安哥拉校長

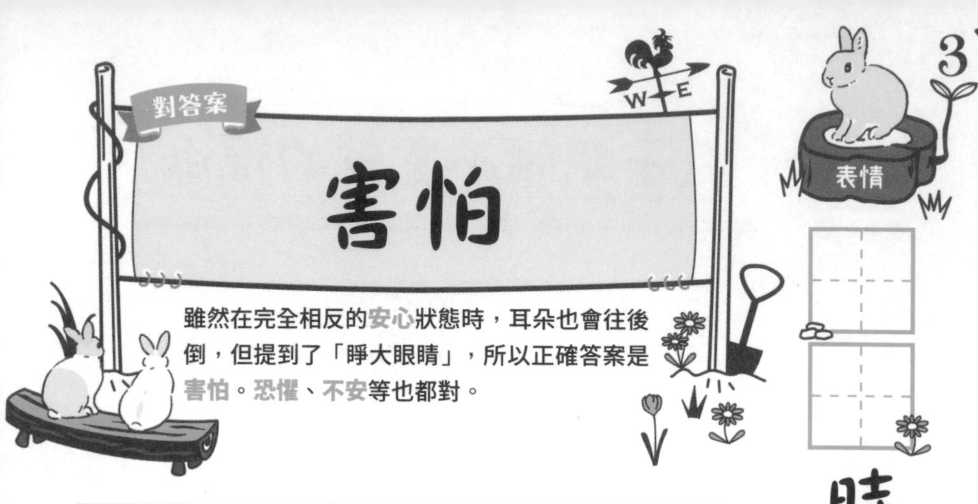

雖然在完全相反的安心狀態時，耳朵也會往後倒，但提到了「睜大眼睛」，所以正確答案是害怕。恐懼、不安等也都對。

時會睜大眼睛、耳朵往後倒

被撫摸感到很舒服，眼睛就會瞇起來、全身放鬆，這時耳朵也會放鬆往後倒。但是在警戒模式下壓低耳朵時，表情完全不同。

眼睛會睜大到露出眼白，鼻子快速抽動，耳朵後仰、身體也盡可能蹲低。當敵人靠近到無法逃跑的近處時，悄悄藏身在草叢裡，還是有可能躲過一劫的。而豎著長長的耳朵很容易被發現，所以要往後倒藏起來……。害怕的程度差不多像這樣。

4 表情

耳朵朝四處轉是□□□的跡象

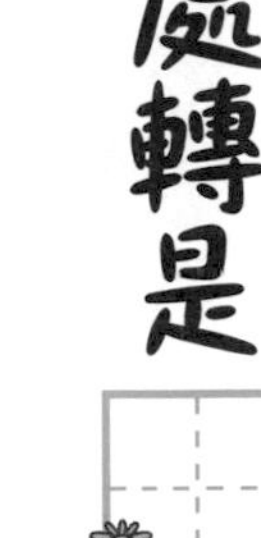

想集中精神聽聲音時，耳朵會直挺挺地豎起來。豎起的耳朵朝向左右四處轉動，是因為從四面八方傳來了可疑的聲響，耳朵正在像天線般朝聲音來源捕捉聲音。而當可能有危險時，就會將全身的注意力集中到那個方向。

垂耳兔用耳朵蓋住眼睛，也是為了聽令牠在意的聲音，而不是因為有不想看的東西。牠們的耳朵會往前或往上動，以捕捉聲音。耳朵長的位置比眼睛高的兔子，似乎都可以動耳朵。

對答案

警戒中

回答**收音中**的人很棒呢～。這個答案也非常正確！**我正在聽**雖然字數不符合，但也算對。

放鬆時也會把□□往後倒

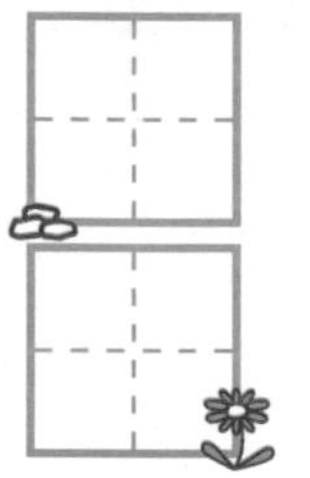

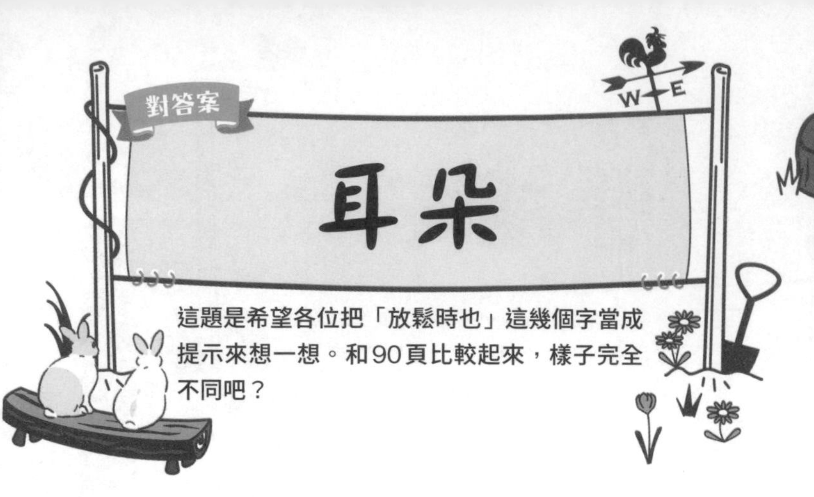

這題是希望各位把「放鬆時也」這幾個字當成提示來想一想。和90頁比較起來，樣子完全不同吧？

靠在主人的身旁被溫柔地撫摸，有時兔寶會全身放鬆，彷彿融化在地板上一般，耳朵也輕輕地往後倒。可想而知，這時候兔寶的心情是打從心底放鬆，感到幸福無比的。

放鬆的情緒是會互相傳染的，說不定連主人也會打起瞌睡吧。真想好好體會一下，這種足以讓戒心如此強的兔子卸下心防的幸福呢。

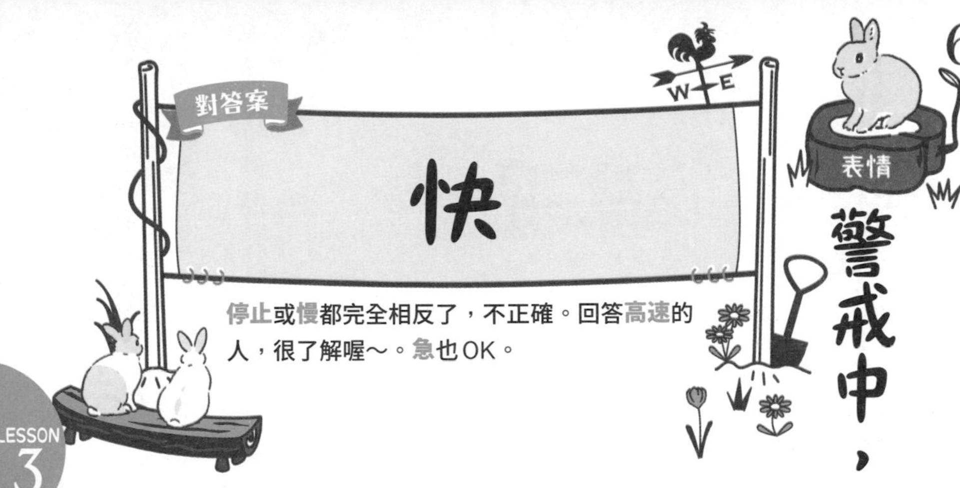

停止或慢都完全相反了，不正確。回答高速的人，很了解喔～。急也OK。

6 表情

警戒中，鼻子的抽動會變□

兔子為了求生存，會透過氣味收集各種資訊（↓65頁）。不論是偵測敵人、尋找戀愛對象，或是附近有無美味的食物等等，都是透過氣味來得知。因此醒著的時候都會一直抽動鼻子、開闔鼻孔，不停嗅聞味道。

沒事的時候亦會以一定的速度抽動鼻子，高速抽動表示有緊急狀況，必須拚命收集資訊。

除了可能有危險的狀況，嗅聞喜歡的東西時，也會拚命抽動鼻子。

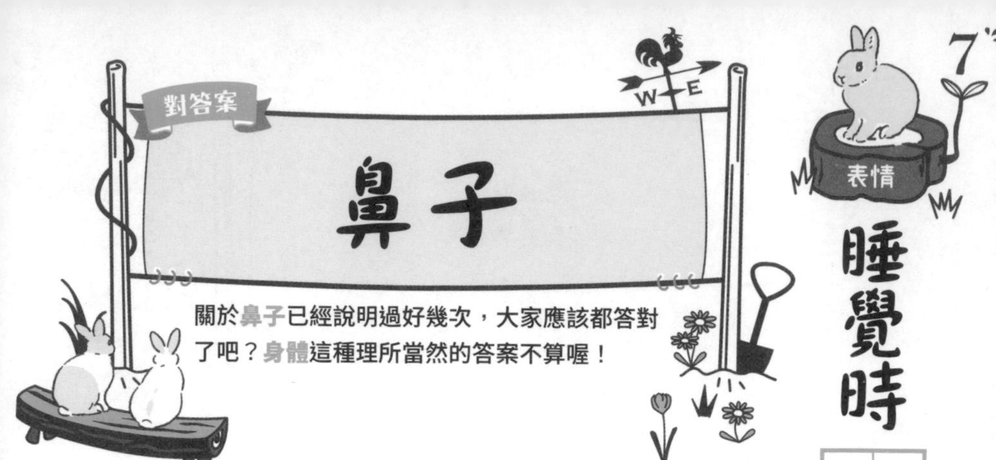

關於鼻子已經說明過好幾次，大家應該都答對了吧？身體這種理所當然的答案不算喔！

睡覺時□□會停止不動

兔子醒著的時候會不停抽動鼻子、開闔鼻孔，隨時嗅聞氣味。**只有在睡覺的時候鼻孔會闔上，鼻子也會停止抽動。**由於是睜著眼睛睡覺，很難看出兔子是睡著還是醒著，但其實只要看鼻子就知道了。

不過，由於睡眠時間很短，只需一小段時間，只要周圍有聲響或感覺有人靠近就會馬上醒來。但是，在家裡、毫無戒心的兔寶，都是露出肚子睡覺的，所以不用看鼻子也知道吧……。

從鼻子抽動的速度看出放鬆度

從鼻子抽動的速度，
就可以解讀兔子的心唷！

快速

「咦？這什麼味道!?」正在努力尋找氣味的來源。如果有在意的味道，人類也會抽抽鼻子聞一聞。這是因為抽動鼻子能將氣味分子迅速傳達至腦部，以便分析資訊。警戒時鼻子抽動的速度會加快，不過，因喜歡的東西而興奮時也會變快。

緩慢

好像沒有什麼危險，安心、放鬆中。是「和平常一樣呢～」這種悠閒的心情。

停止

抽動漸漸變慢，停止時，就是睡著了。然而，只要有一點聲響，還是會立刻醒過來。

課題2

「從姿勢、動作解讀心情」

首先，大前提是兔子的心情很簡單，不像人類這麼複雜，大致分為下面兩種。

兔子的情緒

不安・警戒模式

- 跟平常不同
- 危險迫近!?
- 警戒 ・害怕

安心・放鬆模式

- 跟平常一樣、很安全
- 好舒服喔～
- 幸福 ・快樂

從表情或姿勢解讀兔寶的心情時，不妨想一想比較偏向以上兩者的哪一個。

不安・警戒模式

- 身體緊繃
- 能馬上逃離的姿勢

安心・放鬆模式

- 身體放鬆
- 無法馬上逃離的姿勢

動作 1

腿疊起來是基本的睡姿

對答案

疊起來

收起來也是正確答案。回答**伸長長**的人，不是「基本」睡姿所以不正確，不過你家的兔寶似乎安心到了極點呢！

不知何時會被敵人盯上的危機感深植於兔子心中，已經是DNA等級了。為避免在睡覺的時候被襲擊，兔子會睜著眼睛、腿疊整齊，以看不出正在睡覺的姿勢來睡。保持將腳底貼在地面的姿態，是為了一有風吹草動就能馬上逃走。頭部也保持在較高的位置，以便能馬上偵測聲音或氣味。

基本的睡姿是這樣，不過在家裡、完全放下戒心的兔寶，會展現在野外生活時看不到的睡姿（↓98、99頁）。

伸出腿睡覺是因為□□

動作 2

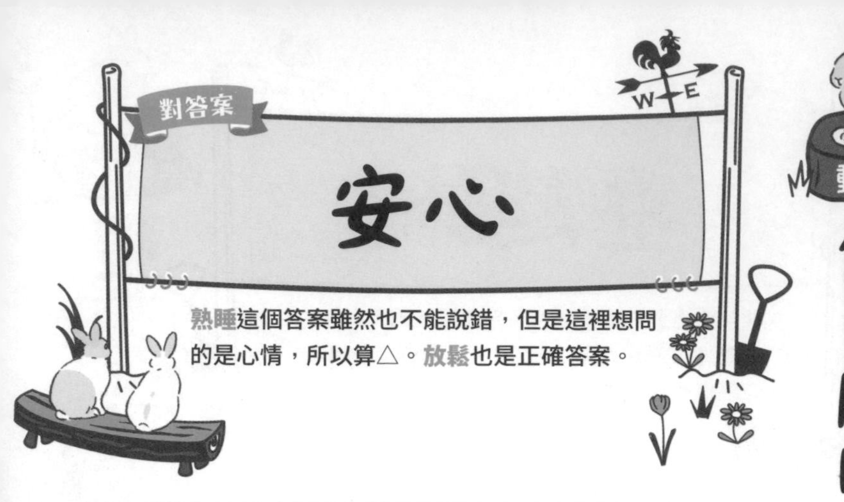

熟睡這個答案雖然也不能說錯，但是這裡想問的是心情，所以算△。**放鬆**也是正確答案。

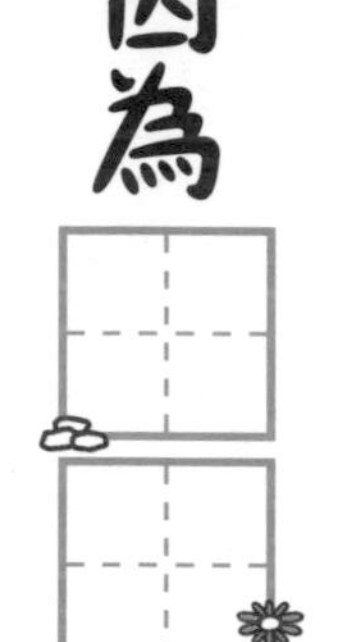

雖然基本上是警戒心強的動物，但**兔子很聰明，漸漸就會理解家中是安全的，沒有被敵人盯上的危險。**如此一來，便會解除警戒模式，開始展現出放鬆的姿態。伸出腿、肚子貼在地板上的睡姿也是其中之一。

在野外生活時，如果附近沒有敵人，雖然也會低下頭悠閒地放鬆，但腳底仍然會貼在地面上。頭部保持於較高位置可以警戒遠處，因此**把頭貼在地上也是安心的象徵。**

3

動作

毫無戒心的話會露出□□睡覺

對答案

肚子

側躺著睡覺的話，根據看的角度不同，**背部**也是正確答案。**腳底**也是○。下面的圖比起98頁的圖，警戒度更低。

側躺著露出肚子睡覺，是比起98頁更無法馬上逃脫的狀態，可以說是毫無戒心。對許多動物來說，**肚子是重要部位，因此能像這樣露出肚子睡覺，正足以證明對主人及現在的環境感到完全放心。**

順帶一提，仰躺的時候，兔子會像睡著一樣乖乖不動（↓178頁）。雖然在醫院為了診療會讓兔子仰躺，但勉強牠們仰躺的話有可能傷到脊椎骨，請避免這麼做。

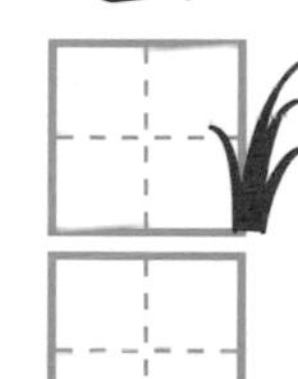

4 動作

害怕時身體和耳朵都會□□

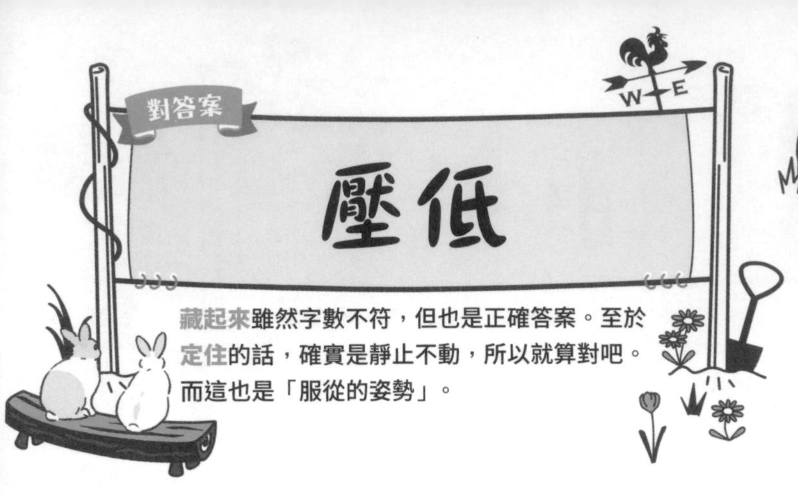

藏起來雖然字數不符，但也是正確答案。至於**定住**的話，確實是靜止不動，所以就算對吧。而這也是「服從的姿勢」。

在野生狀態下，雖然透過氣味和聲音加以警戒，但敵人還是有可能來到附近，這時便會躲藏起來、靜止不動，等到危機解除。此時**會把顯眼的長耳朵往後倒、身體也縮小，以避免被發現。**

另外，兔群的首領有時會跑出自己的地盤，侵入其他勢力範圍。如果被其他地盤的主人發現，**就會把耳朵和身體壓低，表現出「服從的姿勢」。**不這麼做的話，可能會馬上打起來。

還想知道更多！

從姿勢看出放鬆度

光從耳朵等表情的一部分，無法解讀兔子的心情。請同時注意牠們的姿勢。

放鬆度100%

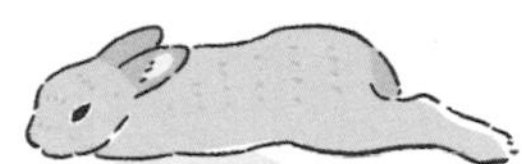

- 耳朵放鬆往後倒。全身放鬆，頭和身體也整個貼在地面上。
- 眼睛瞇起來或閉起來。

放鬆度50% 警戒度50%

- 把腿收到身體下，頭保持在高的位置睡覺。（睡著表示警戒度也低。）

警戒度75%

- 耳朵豎直、眼睛瞪大，保持較高的姿勢。
- 鼻子快速抽動，收集資訊中。

警戒度100%

- 把重要的耳朵往後壓低、藏起來，身體也盡可能縮小。
- 眼睛瞪大到露出眼白。

警戒度100%時，兔子心中的恐懼也達到了最高點。如果再發出巨大的聲響，或是主人慌慌張張地靠近過來，都可能會引發恐慌。請靜靜守候，直到牠們冷靜下來。

5

動作

豎起尾巴是□□和□□的意思

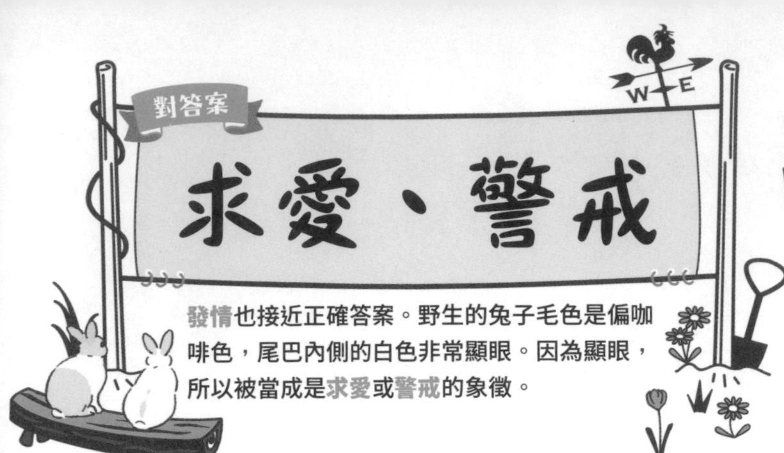

發情也接近正確答案。野生的兔子毛色是偏咖啡色，尾巴內側的白色非常顯眼。因為顯眼，所以被當成是**求愛**或**警戒**的象徵。

兔子的尾巴看起來軟綿綿的、又短又圓，其實長達7cm左右。

這個尾巴有時會豎起來，其中一個意思是通知同伴有危險。鹿也一樣會豎起尾巴逃跑，似乎是同樣身為獵物、為了保護物種所特有的一種暗號。

另外一個意思則是**公兔向母兔求愛。**當附近有母兔時，公兔臀部肌肉會緊繃、使得尾巴豎起來，於是便成了求愛的意思。

動作 6

興奮時會搖□□

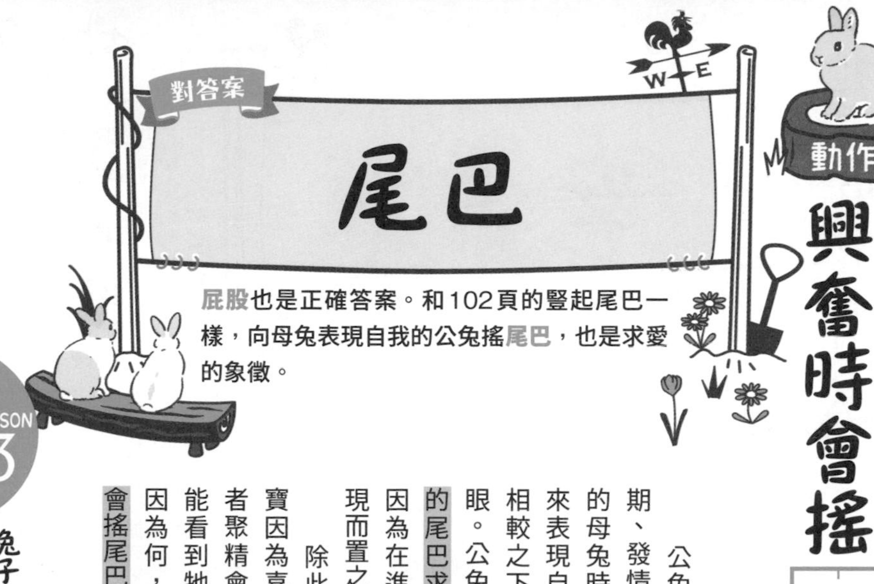

屁股也是正確答案。和102頁的豎起尾巴一樣，向母兔表現自我的公兔搖**尾巴**，也是求愛的象徵。

公兔會到處尋找正值繁殖期、發情的母兔，而找到中意的母兔時，公兔就會豎起尾巴來表現自我。和背部的咖啡色相較之下，尾巴的白色非常顯眼。公兔會更進一步搖擺白色的尾巴求愛，但母兔似乎常常因為在進食中等因素，沒有發現而置之不理。

除此之外，家中飼養的兔寶因為喜歡的東西而興奮，或者聚精會神地嗅聞味道時，也能看到牠們搖尾巴。雖不知原因為何，興奮或緊張時好像都會搖尾巴。

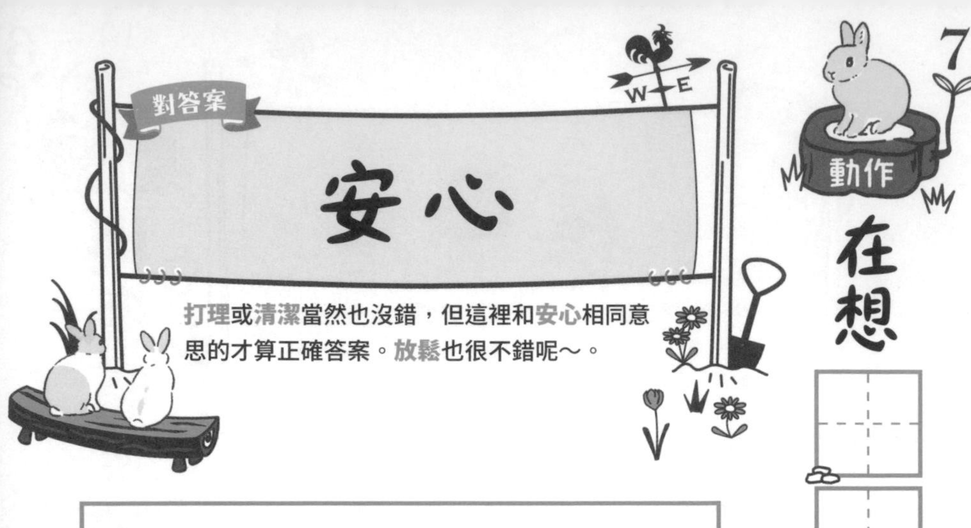

打理或清潔當然也沒錯，但這裡和安心相同意思的才算正確答案。放鬆也很不錯呢～。

7 動作

在想□□時也會理毛

在野外生活的時候，好像並不會如此頻繁地理毛，但在家中可能是因為環境允許，似乎很常看到兔子舔舐身體、打理自己。

母兔在生下兔寶寶以後，也會舔一舔兔寶寶，將牠們舔乾淨，不過之後就很少舔了。因為不用像其他哺乳類一樣給予刺激，兔寶寶們也會自己排泄。

然而，可能是來自於出生時的記憶，舔舔身體似乎能讓兔子靜下心來。

動作 8 用兩隻前腳夾住耳朵

雖然字數不符，但**洗耳朵**也算答對。**清潔**也是正確答案！

身體可以用舔的來清潔，但**臉和耳朵則要用前腳沾唾液摩擦以去除髒汙。**在此之前，還不忘將前腳像拍手一樣啪啪地甩，以甩掉髒汙。這個動作簡直就像在拍手的相撲選手。

耳朵是用來聽聲音和調節體溫的重要器官，因此會花時間慢慢梳理。垂耳兔夾著耳朵梳理的動作宛如長髮少女在洗頭髮，很受人喜愛。豎著耳朵的兔種偶爾也會這麼做。

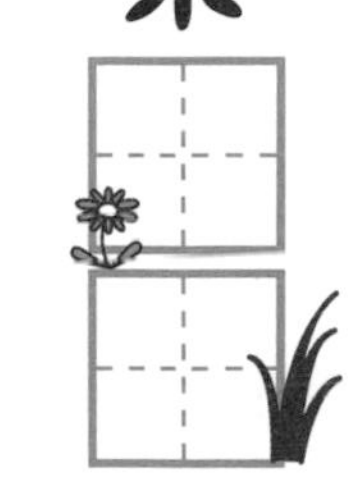

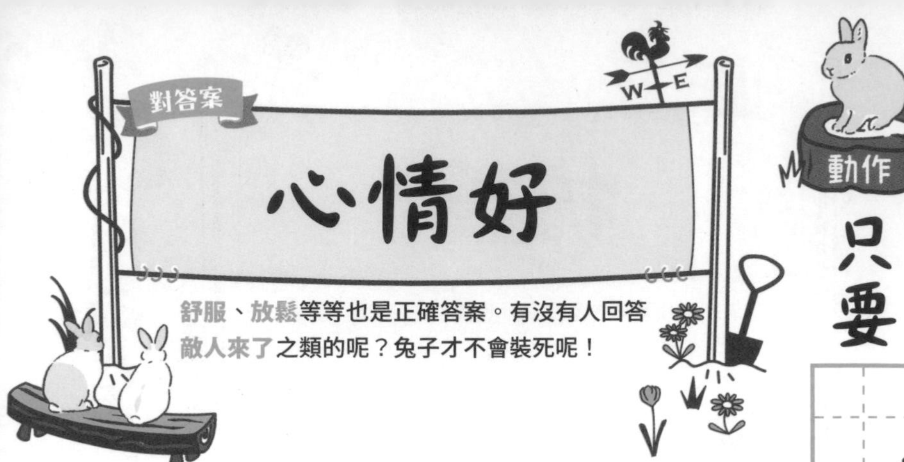

舒服、**放鬆**等等也是正確答案。有沒有人回答**敵人來了**之類的呢？兔子才不會裝死呢！

動作 9

只要□□□□□□就會撲通一聲倒下

人類在休息的時候，首先會坐下再慢慢躺下來，以免撞到頭，但兔子躺下時好像不會按照這樣的順序。

兔子在放鬆時，會從頭部開始如同倒地般橫躺下來。由於這時會發出撲通一聲巨響，搞不清楚狀況的話或許會被嚇一大跳，但兔寶的表情看起來應該是若無其事的。

在倒地前充分跑一跑、吃吃東西，自己覺得心滿意足時就躺下來。「真好～」，不妨和兔子一起享受這樣的過程吧！

兔寶4格漫畫

動作篇

融化

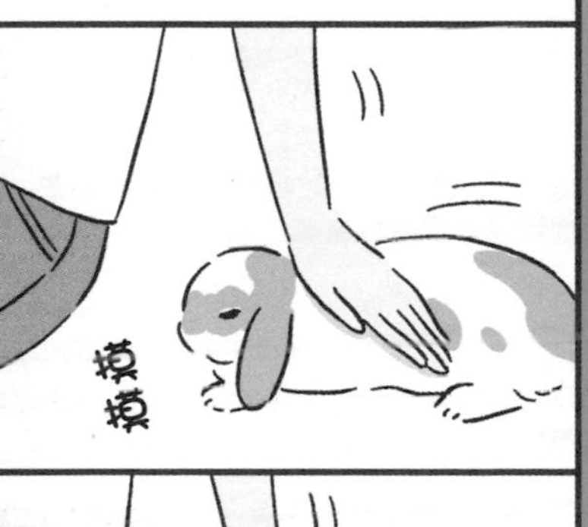

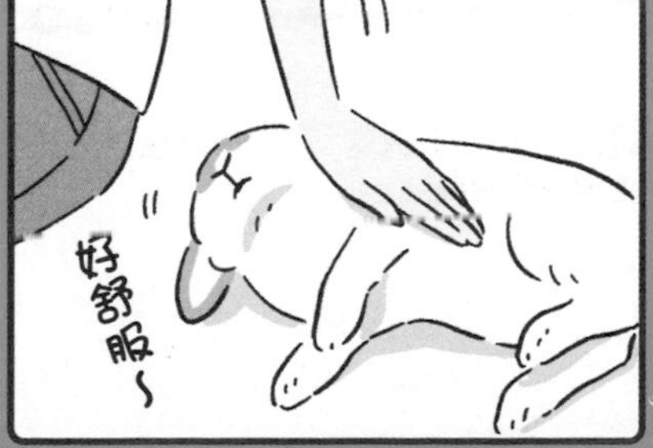

理毛種種

打空拳

咻咻

課題3

「從行為解讀心情」

解讀行為的要訣在於，區分該行為是出於「本能」還是來自於「學習」。出於本能的行為，是基於兔子的生態所特有的理由而做出來的。

安哥拉校長

兔子的「本能」與「學習」行為舉例

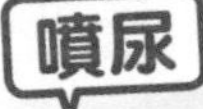

兔子的本能　這些是深植於兔子此種物種的本能，無法戒除。

噴尿

p118

跺腳

p132

啃咬

p134

兔子的學習行為　上面的行為是出於「本能」，但如果該行為對兔子有「好處」，就會變成「學習行為」。

例：跺腳

1. 因為和平常不一樣等緣故而感到不開心，無意識地跺腳。
2. 結果主人就說「想出來外面嗎？」，把牠放出籠子。
3. 兔子學習到「跺腳」的話，「就可以被放出籠子」，之後便常常跺腳。

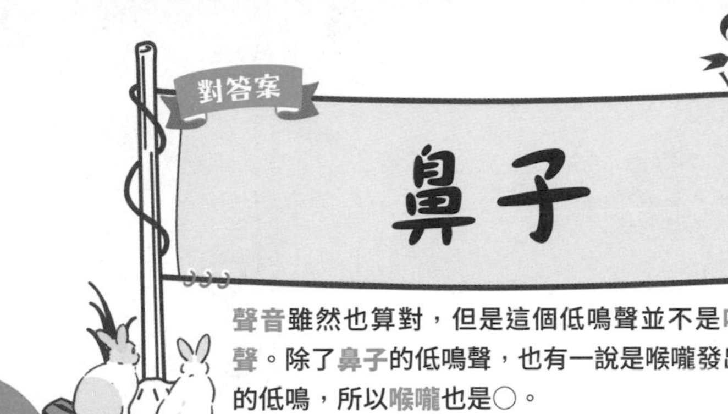

聲音雖然也算對，但是這個低鳴聲並不是叫聲。除了鼻子的低鳴聲，也有一說是喉嚨發出的低鳴，所以喉嚨也是○。

心情好的話□□會發出噗噗低鳴

兔子的聲帶並不發達，所以很少像貓或狗一樣發出叫聲，但有時鼻子的低鳴聲會表達心情。

雖然每個人聽到的聲音不盡相同，不過兔子從鼻子發出噗噗或咕咕等像是消氣的微弱聲音時，是放鬆的時候。被撫摸覺得很舒服，或是想撒嬌的時候，仔細聽就聽得到。

當牠靠過來發出這種聲音時，就陪陪牠吧。

噗噗

2 行為

由於□□不發達，平常不會叫

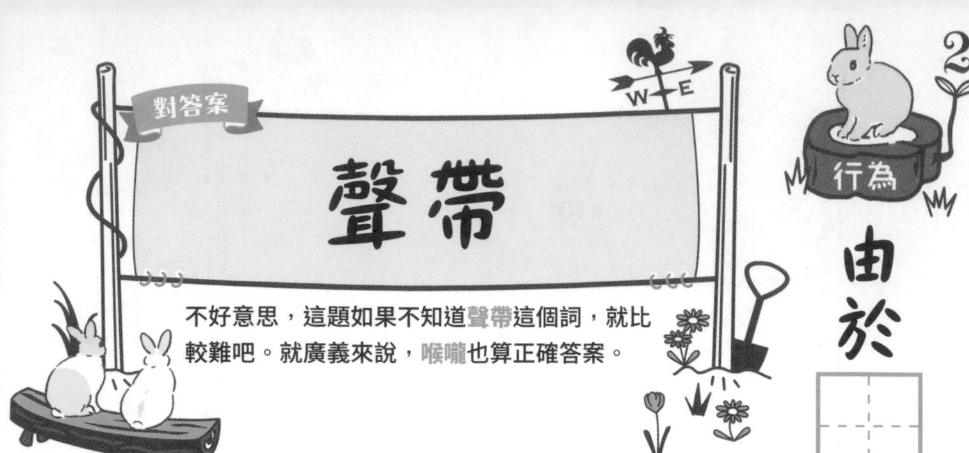

不好意思，這題如果不知道聲帶這個詞，就比較難吧。就廣義來說，喉嚨也算正確答案。

靜——默

兔子並非沒有聲帶，雖然不發達但似乎還是有。然而，牠們並不會像其他動物一樣以聲音來溝通，像是叫喚雙親、敦促警戒等。在主要的溝通方法當中，聲音不太派上用場。

即使如此，生氣或開心有時還是會透過鼻子的低鳴聲等來表達。也有一說是，並非鼻子的聲音而是喉嚨的聲音。但不論是何者，這些似乎都不是為了表達什麼而發出的聲音，而是自然而然發出的聲音。

兔子不叫的理由

兔子的聲帶不發達，所以平常不會叫。但是當中好像也有兔子會叫……。

兔子不透過聲音來溝通

可能是因為在野外生活時是處於被獵捕的地位，如果發出叫聲會被敵人發現，所以兔子的聲帶才不發達。成兔很少發出叫聲，但小兔子在面臨危機時，會「嘰！嘰！」叫。

補充

也有會叫的兔子

棲息於日本北海道的「鼠兔」會透過叫聲和同伴溝通。由於生活於岩石地帶，在宣示地盤或危機迫近時，都會發出叫聲。公兔會「嘰！嘰！」叫、母兔會「噼！噼！」叫。

行為 3

害怕時會發出「□！」的叫聲

應該很少人聽過兔子的尖叫聲，不過正確答案是嘰！答對的人很用功喔！

兔子的溝通是藉由氣味而非聲音。然而，在野生狀態下被掠食動物襲擊時，還是會發出「嘰！」這種尖銳叫聲。聽到這個聲音的同伴會群起逃離，靜靜地等到安全為止。

在家裡發出「嘰！」這種感覺很害怕的高亢尖銳叫聲時，表示劇痛或面臨了等同於被敵人襲擊這種程度的強烈恐懼感。如果主人慌慌張張的，可能會更進一步引發恐慌，因此要冷靜下來處理。

生氣時會發出「□□！□□！」的低鳴聲

對答案

咈、咈

由於聲音聽起來因人而異，因此「哺！」或「嗚！」也是正確答案。不同於109頁，是低沉而強烈的聲音。

兔子有時候也會發出「咈！咈！」這種低而短的聲音，據說也是從鼻子或喉嚨發出的低鳴，這是生氣、警戒或是發情時會發出的聲音。有些兔子會發出「嗚！」這種咆哮聲。

發出這種聲音時表示情緒高昂，如果旁邊有其他的兔子就要讓牠們分開來，並且避免一不小心惹到牠。

有時候生氣的原因不得而知。似乎進入性成熟時期也會特別焦躁。

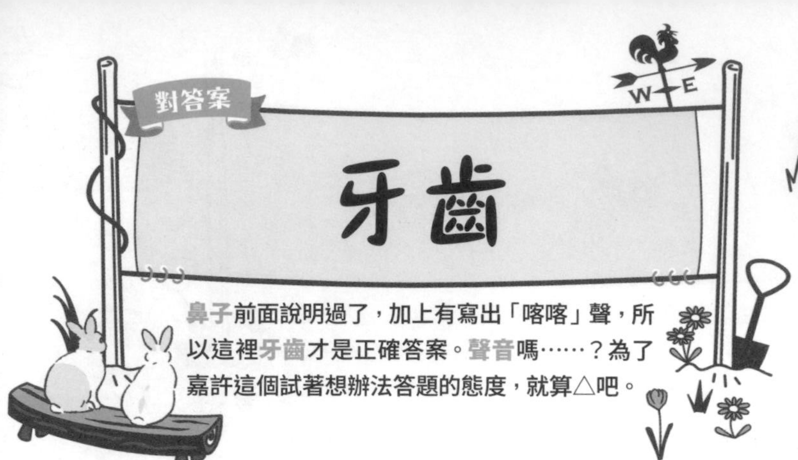

鼻子前面說明過了，加上有寫出「喀喀」聲，所以這裡牙齒才是正確答案。聲音嗎……？為了嘉許這個試著想辦法答題的態度，就算△吧。

5 行為

感到舒服時□□會發出喀喀聲

撫摸兔寶的時候，有時會聽到喀喀、叩叩聲。原來這是兔寶輕輕磨牙的聲音。看看牠的表情，想必是瞇著眼睛、好像很舒服的樣子，所以應該很快知道這是「好舒服喔～」的意思。跟貓發出咕嚕咕嚕聲是一樣的。

相反的，身體有疼痛等時候，也會磨牙。這時的磨牙是嘎嘎、咯咯等較為用力的聲音，身體會縮起來，需從全身看起來的樣子加以判斷。

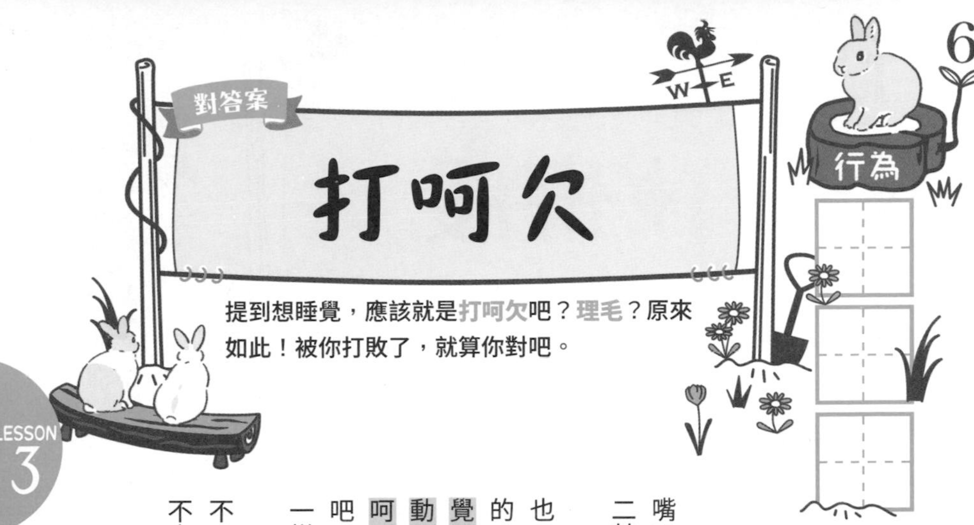

提到想睡覺，應該就是**打呵欠**吧？**理毛**？原來如此！被你打敗了，就算你對吧。

6 行為

不只是想睡覺

兔子打呵欠時，也會把小嘴張到差不多嘴裡被看得一清二楚這麼大。

打呵欠的機制其實人類也不太清楚，但兔子打呵欠的時間點和人類差不多。**想睡覺時、醒來接著要進行下一個動作時、無聊時等等，都會打呵欠。**起床時宣示「好！行動吧！」這種呵欠，似乎跟人類一樣，常一邊伸懶腰一邊打。

此外，人類也一樣，如果不停打呵欠，可能是身體狀況不太好。

想打起精神時會

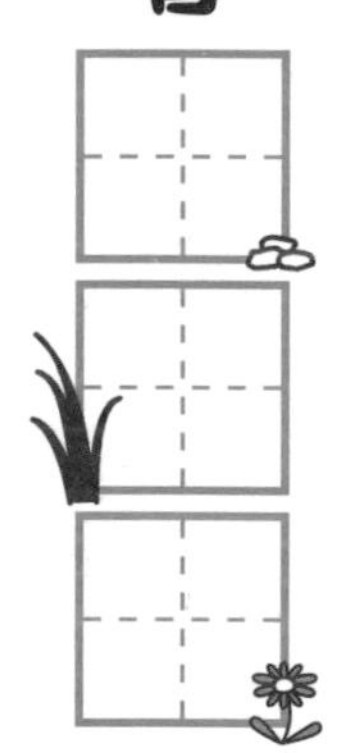

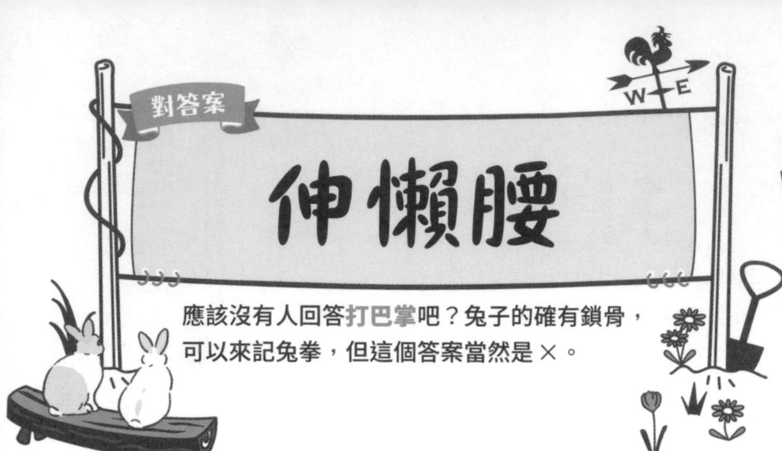

應該沒有人回答**打巴掌**吧？兔子的確有鎖骨，可以來記兔拳，但這個答案當然是×。

把在籠子裡剛睡醒的兔寶放出籠子外時，有時會看到牠在打呵欠的同時，將身體挺直並伸展。這是充分休息、充飽能量後，**在活動之前伸個懶腰、讓血液循環至全身，為活動身體做好準備。**

就類似人類慢跑之前稍微伸展、放鬆筋骨的感覺。繃緊前腳、屁股往後蹲低，伸直後腿等，做各種伸展。盡情伸個大大的懶腰就會感到身心舒暢，不管是兔子或是人類都是一樣的。

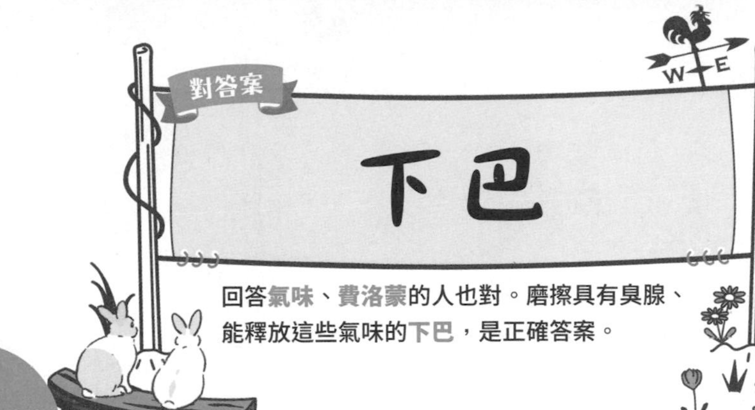

回答**氣味**、**費洛蒙**的人也對。磨擦具有臭腺、能釋放這些氣味的**下巴**，是正確答案。

8 行為

在自己的東西上磨擦

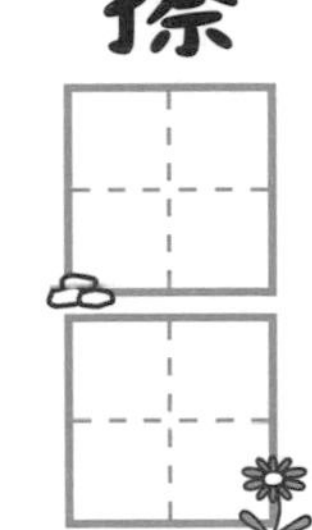

氣味是兔子的資訊來源，**在地盤上沾滿自己的味道就會感到安心**。

對寵物兔而言，籠子裡就是自己的巢穴，當牠們被放出籠子時，似乎會把探險的房間當成勢力範圍，在房間裡的家具等物品上摩擦下巴，以宣示地盤。**有時還會在地盤（房間）內的主人身上也留下氣味，宣示主權**。「你是我的」，聽起來很令人怦然心動吧。但其實似乎只是勢力範圍的一部分而已。

9 行為

噴□以宣示地盤

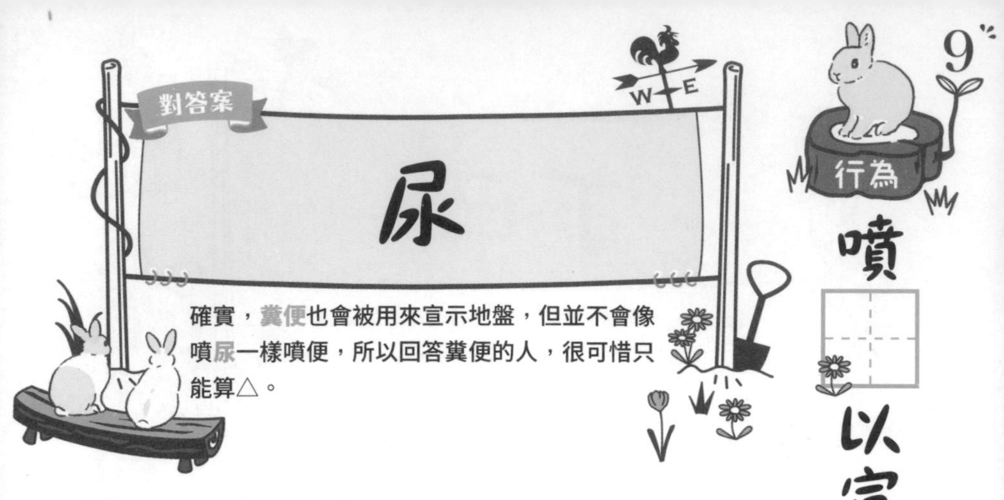

確實，**糞便**也會被用來宣示地盤，但並不會像噴**尿**一樣噴便，所以回答糞便的人，很可惜只能算△。

兔子雖然會固定在一處廁所排泄，但為了主張地盤的噴尿和排泄完全不同。

想擴張勢力範圍的兔寶一被放出籠子、進到房間，就會擴大範圍到處撒尿。多隻飼養的話，有可能為了蓋掉對方的氣味而演變成噴尿大戰。

公兔會向母兔撒尿求愛，因此對喜歡的人類也會撒尿，對地盤內的人類亦會撒尿。此外，對於討厭的對象似乎也會撒尿。

不使用為牠準備的便盆

飼主B小姐

照飼育書上所寫的，在便盆放置沾有尿味的面紙教牠，但兔子還是不記得廁所。

不使用的原因有很多，決定廁所地點的是兔子本身。

安哥拉校長

解説

兔子會在定點排泄，因此能記得廁所的位置。然而，有些兔寶需要花很久時間才能意識到該容器就是廁所，也有時是因為不喜歡便盆放置的位置，各種原因都可能導致牠們不願使用廁所。此外，有的兔子是為了宣示地盤而到處尿尿。

沒有意識到那是廁所。

將牧草盒等其他地方定為廁所。

舉例來說，如果放出籠子時，會在房間的角落尿尿的話，就在該處放置便盆，像這樣把廁所設在兔子決定的地點，說不定比較有效。只不過，也有些兔寶性格上較為大而化之，對於廁所不那麼講究。不妨放開心胸守護牠，不想讓牠尿尿的地方就防止牠進入吧。

明明記得廁所的位置，卻尿在其他地方時

雖然可能是在宣示地盤，但也有可能是生病所導致。如果小便時看起來很痛，樣子看起來和平常不同的話，就要帶牠去醫院。

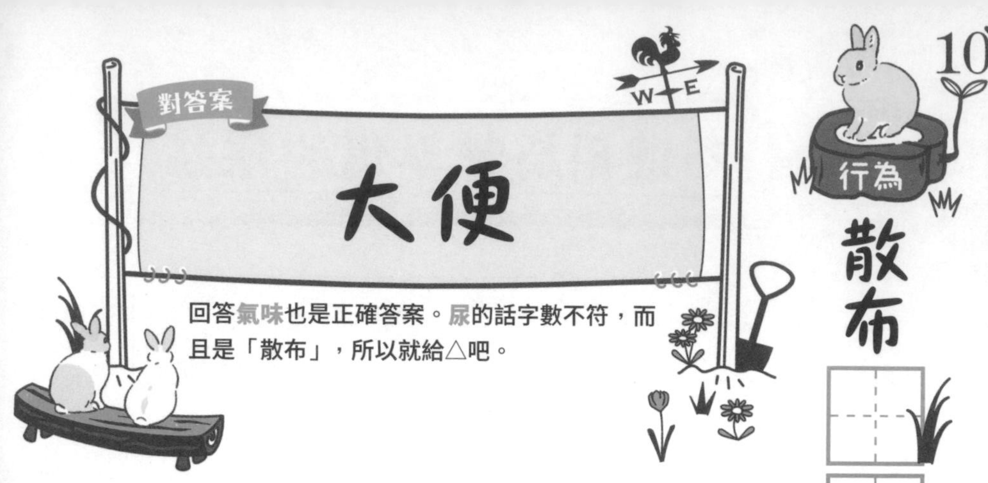

10

散布□□做記號

回答**氣味**也是正確答案。**尿**的話字數不符，而且是「散布」，所以就給△吧。

兔子的臭腺共有3處（下巴、生殖器旁、肛門），會分泌獨特的氣味物質及性費洛蒙。

大便沾附了肛門腺的氣味，其他的兔子在嗅聞時，可以從當中獲得對方的性別、是否正值繁殖期及在群體中的順位等資訊，可以說是名片的代名詞。一有母兔的糞便掉落，公兔便會熱心地嗅聞。

在野外生活時，會將糞便作為地盤的象徵，集中大在明顯易見的地方。

對答案

不安

很閒也是正確答案！因為很閒所以想出新遊戲，證明牠們很聰明。至於介意嘛……應該沒有兔子這麼神經質吧。

11 行為

整平地墊時是表示

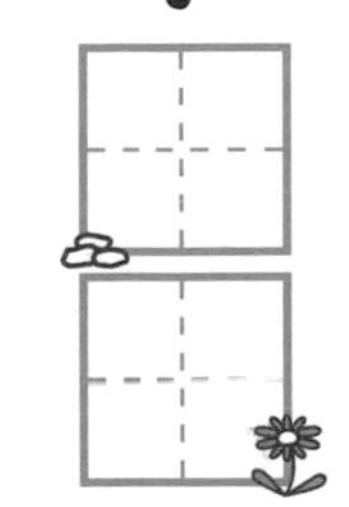

野生的兔子在育兒時是分居保育（↓44頁），母兔只有在餵奶的時間到兔寶寶的巢穴，並在餵奶結束後，把兔寶寶的巢穴出入口用土蓋住、隱藏起來。看起來快要下雨的時候，為了防止雨水跑進去，似乎還會堵住巢穴的入口。延續這個習性，有時會看到牠們把地墊當成土一樣整平。

有些兔寶是當成遊戲般，反覆把地墊弄得皺巴巴再整平……，但有些則是為了撫平不安的情緒而這麼做。

12 行為

能自由□□是很幸福的

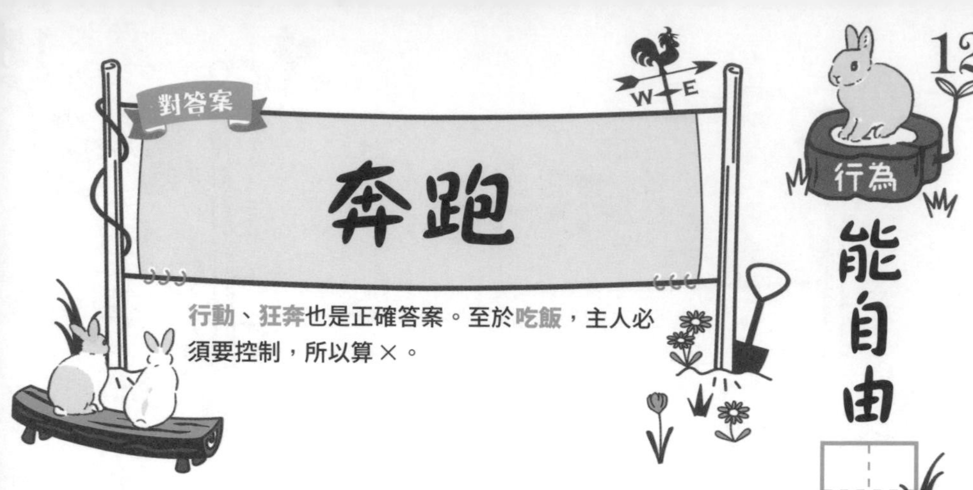

對答案
奔跑
行動、狂奔也是正確答案。至於吃飯，主人必須要控制，所以算×。
W E

對於整天待在籠子裡面的兔子來說，在籠子外自由活動身體的時間，想必是感到開心無比的時光。尤其是年輕的兔寶，一放出籠子便會在房間裡來回奔跑吧。

難得有著與生俱來的優異肌肉，當然會想試試身手。繞著房間一圈圈跑、折返跑以甩開假想敵等等，奔跑的方式各異其趣。當然也有兔寶比起奔跑，更喜歡悠閒地散步。

對答案

很開心

心情好也是正確答案。在原地上下跳，或是跑一跑跳起來，都是心情很好、**很開心**時的動作。

13 行為

跳躍時是表示

一從籠子裡被放出來自由活動，有時候會「砰！」地往上輕身一跳。主人可能會擔心牠是不是被什麼嚇到才跳起來，**其實這是兔子好心情的最高表現。**

跳躍也有很多風格，有的是往上跳、扭扭身體，也有的是往上跳、左右擺頭，各種組合都有。

像這樣用全身表達喜悅的心情實在很可愛，不過為了避免牠們受傷，先把籠子外面收拾乾淨吧！

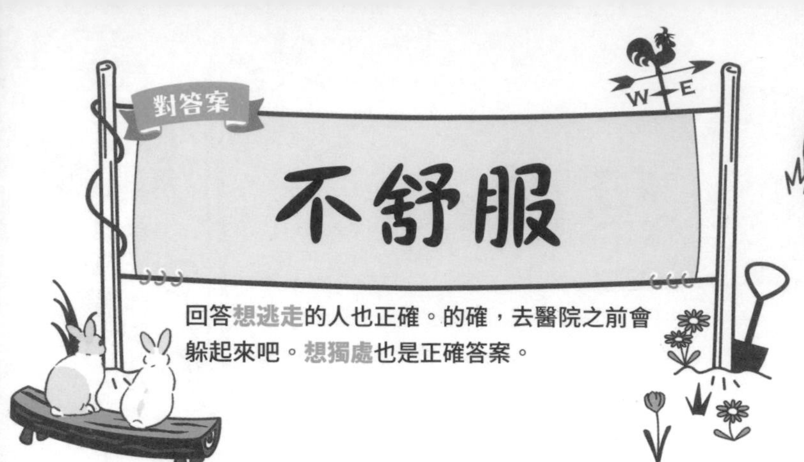

回答**想逃走**的人也正確。的確，去醫院之前會躲起來吧。**想獨處**也是正確答案。

14 行為

放鬆時和□□□時都會躲起來

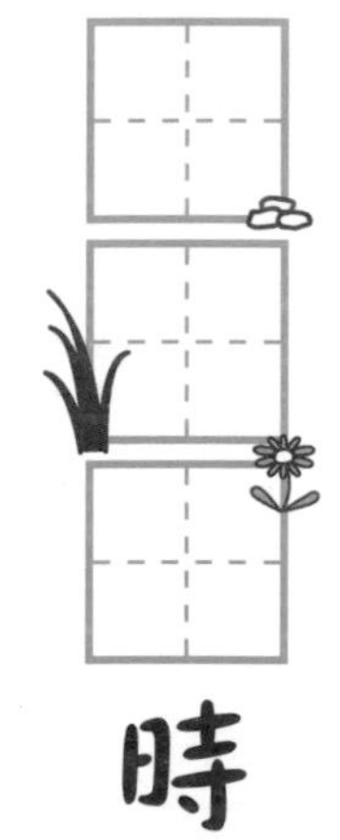

兔子即使被放出籠子，也並不只是一直跑來跑去，牠也會和主人溝通交流，或是休息放鬆。

放鬆時，**有時候會躲在門簾後或家具的縫隙之間這些地方，也許是因為想獨處悠哉一下。**這時不妨讓牠靜一靜。

只不過，**有時候則是因為不想被發現身體不舒服而躲起來。**建議確認食慾等狀況，必要時帶牠去醫院。

隱瞞身體不適的原因

飼主C先生

為什麼兔子要隱瞞身體不舒服呢？

可能是因為兔子並沒有「健康」或「生病」的概念，所以不覺得「該做些什麼」。

安哥拉校長

解說

人類有「健康」和「生病」的概念，所以身體不舒服會求助或是去醫院，想辦法「做些什麼」。可是兔子並沒有這些概念，會若無其事地行動，直到快不能動為止。在野外生活時，如果身體出了毛病又完全不動，一定很快就會被敵人捉住吧。不論是貓或倉鼠，還是其他動物都一樣，動物無法用言語表達，因此請主人察覺牠們身體的異狀。

Re：
為了發覺身體的異狀，每天的健康檢查很重要（→184頁）。也許不是那麼容易察覺，但請努力成為愛兔子的觀察達人。

兔作老師

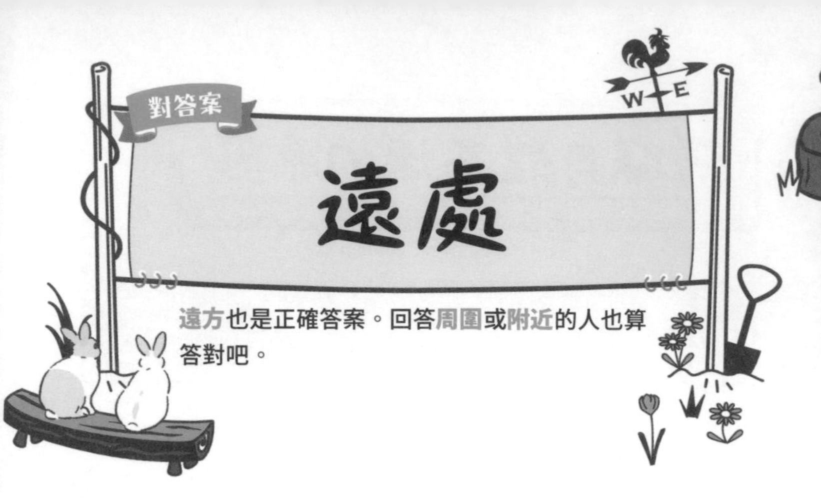

遠方也是正確答案。回答周圍或附近的人也算答對吧。

用後腳站立以收集□□的資訊

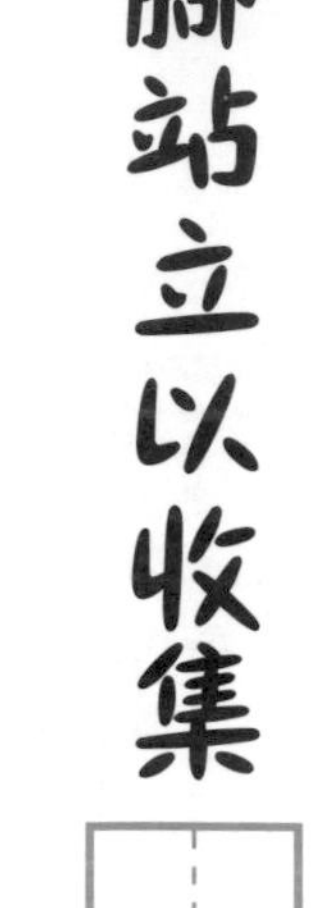

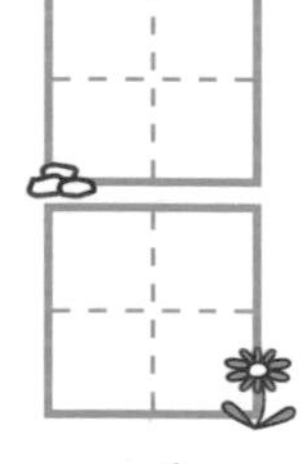

在野外生活時，好幾隻兔子一起吃草的時候，偶爾會停下來用後腳站起來，確認是否有敵人接近。這個頻率若在周圍有很多同伴時不需太頻繁；而如果同伴較少的話，頻率則會提高。

寵物兔也會像這樣以後腳站立來確認遠處的聲音。常常用後腳站立的兔寶可能警戒心或好奇心比較強。此外，把喜歡的東西遮到牠面前，或牠想引起主人的注意時，也會用後腳站立。

性成熟到來，□□意識會變強

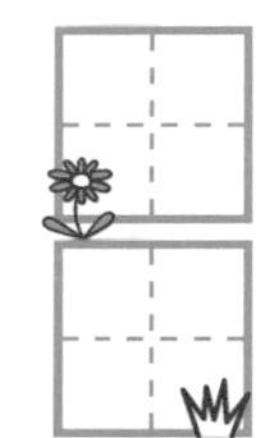

對答案

地盤

回答老大意識的人算△。反抗並不是出於自我意識喔！是想守護地盤的意識所致。

兔子基本上是性慾很強的動物。這是因為處於被許多動物獵捕的地位，想盡可能繁衍後代的意識非常強烈所致。當達到性成熟、進入適合繁殖的時期，對性的意識便會增強，同時對地盤的執著也會變得強烈。

為了擴張勢力範圍而到處噴尿（↓118頁），或是攻擊入侵地盤的人類等等，在人類眼中的困擾行為可能會增加，但這並非故意要製造麻煩。

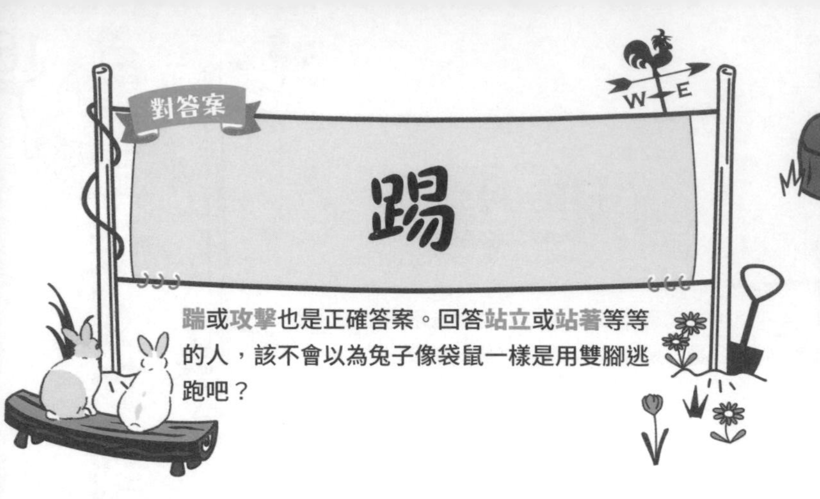

踹或**攻擊**也是正確答案。回答**站立**或**站著**等等的人，該不會以為兔子像袋鼠一樣是用雙腳逃跑吧？

17 行為

為了逃脫有時會用後腳

兔子沒有攻擊的技術，逃離敵人就算是防身。但一旦真的快要被捉住時，也會**轉而做出決死的反擊。攻擊的方法有用牙齒咬、用肌肉發達的後腿踢對方一腳等等。**後腳長有尖銳的趾甲，踢的同時還會奮力一勾，用利爪抓對方，導致敵人受重傷。

對人類也是，不想被抱住時，也可能使勁全力踢對方一腳……。

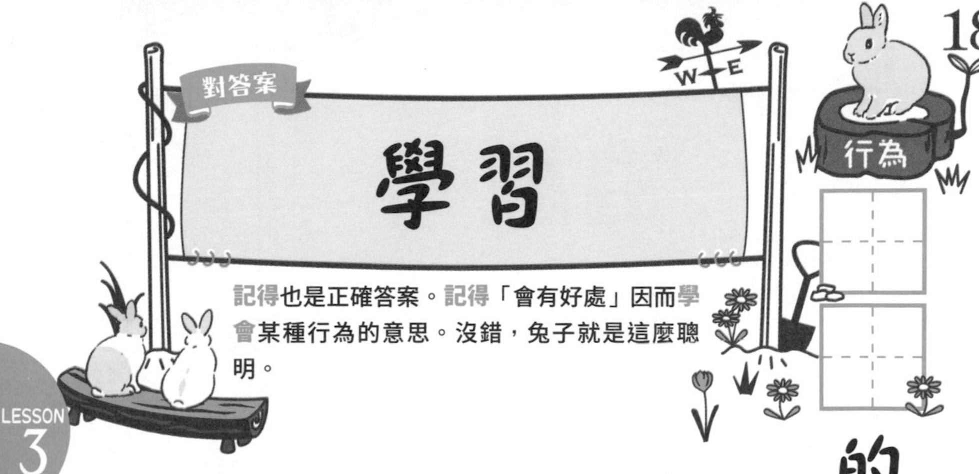

記得也是正確答案。記得「會有好處」因而學會某種行為的意思。沒錯，兔子就是這麼聰明。

18 □□的行為戒不掉

學習是指兔子觀察人類，理解到「這麼做的話就會發生好事」，因而不斷做出兔子本能所沒有的舉動。

例如，有一次扔了餐碗，主人就說「想吃飯嗎？」於是給了好吃的東西。因為對兔子來說嚐到了甜頭，經過學習，可能以後也會藉由丟餐碗來催促主人給牠喜歡的東西。一旦學會，行為就很難戒掉，最好的對策便是不希望牠做的行為就別讓牠學習。

19 行為

丟東西也是□□的一種

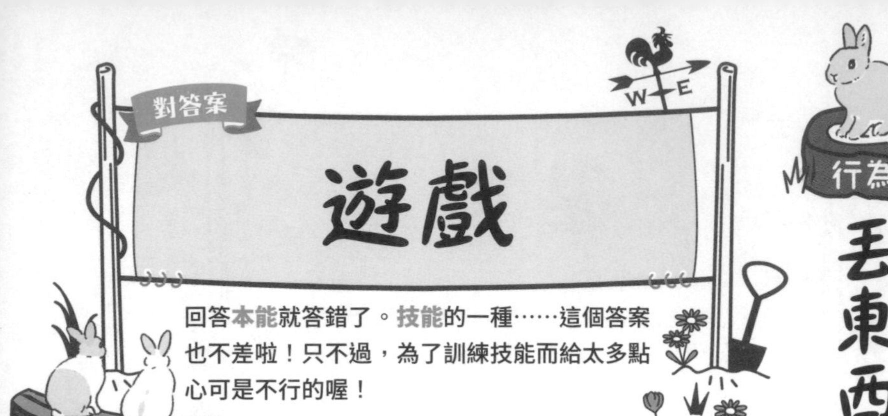

回答**本能**就答錯了。**技能**的一種……這個答案也不差啦！只不過，為了訓練技能而給太多點心可是不行的喔！

雖然兔子有叼著兔寶寶搬移這種行為，但原先並沒有咬住然後投擲這種行為。然而，在寵物兔當中，也有些兔寶會扔餐碗或用力丟擲便盆。

推測一開始也許是因為擋路才丟，或是無意間扔了以後覺得很有趣等理由。也有可能是丟餐具發出聲響，而引起了主人的注意，兔子一旦學到「這麼做就能引起注意」，爾後便會不斷重複這個舉動。

不小心讓牠學會了？

飼主E小姐

為了制止牠啃咬籠子，只要一咬就放牠出來，結果變成一看到我就開始咬籠子……。

建議想辦法讓牠無法咬籠子、沒咬的時候就稱讚牠。

安哥拉校長

解說

應該是看牠在咬籠子擔心牠的牙齒，才忍不住出聲關心。這麼一來，兔子便學會了「咬籠子的話就會引起主人注意」。一旦記得做這個動作會有好事發生，往後便會不停地重複。建議啃咬籠子時不要理會牠，並在籠子上裝設木製柵欄等等，於物理上加以防範。

Re：　不希望我們做的行為就不要理會。在不咬籠子乖乖聽話，像是大口大口吃牧草等時候，希望主人跟我們說說話。

羅比

20 行為

跺腳是表示□□中

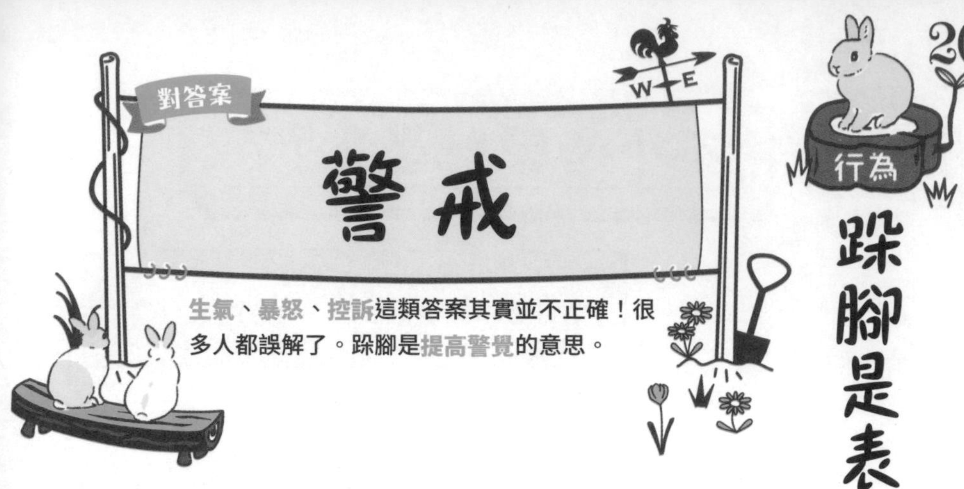

生氣、**暴怒**、**控訴**這類答案其實並不正確！很多人都誤解了。跺腳是**提高警覺**的意思。

巢穴外的兔子一旦感覺到不對勁，就會用後腳在地面上「噠！噠！」地跺。**其他兔子聽到這個聲音便知道有危險迫近，得以趕緊逃跑。**跺腳的震動也會傳達給地下巢穴中的同伴們。

家中的兔寶在陌生人來訪或聽到不熟悉的聲響時，也會跺腳。「是不是在生氣呀？」有些主人或許會擔心，但**其實這只是覺得不對勁或感到不愉快時無意識做出的動作**，不用太在意。

穴兔跑出巢穴吃草時，一旦從不尋常的聲音或氣味當中察覺到危險，就會用靴子般大大的後腳，在地面上「噠！噠！」地踢。這個聲音也會傳到地面下，促使巢穴中的同伴提高警覺。

此外，看見露出尾巴內側的白毛奔跑的同伴，其他的兔子便會警覺到有危險而逃回巢穴。這些都是對同伴發出的警戒訊號。比起單獨一隻，借助同伴的力量能夠更加安全地度日。

只不過，發出這些警戒訊號的兔子，本身並不是出於「幫助同伴」這種想法，只是由於不對勁或不愉快而無意識做出的舉動。也就是說，雖然自己只是拼了命地逃跑，但以結果來說卻救了自己的同伴。

算是為了保護兔子這個物種的智慧呢！

21 行為

看到什麼都想□

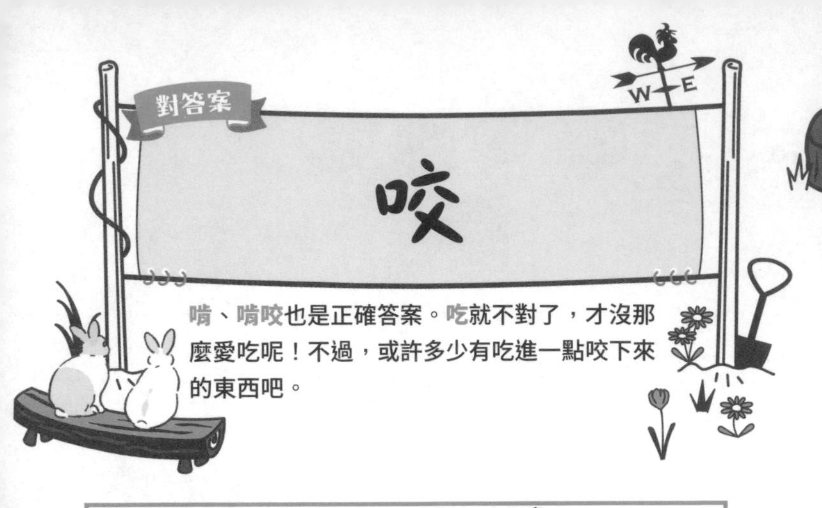

啃、**啃咬**也是正確答案。**吃**就不對了，才沒那麼愛吃呢！不過，或許多少有吃進一點咬下來的東西吧。

身為美食家的兔子，在野外生活時，會從眾多的植物當中選擇美味、有營養的東西來吃，而不吃具有毒性、帶刺的植物或不好吃的東西。

照理說**牠們應該知道什麼可以吃、什麼不能吃**，也知道家中的物品不是食物。**但即使如此，還是忍不住要東啃啃西咬咬，這是兔子的本能。**因為咬下的東西多多少少會進入體內，最好將危險物品或不想被咬的東西收到兔子搆不到的地方。

22 行為

咬籠子是因為有□□

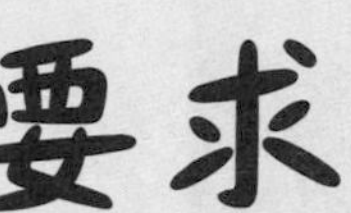

對答案

要求

事情、**願望**、**請求**等等也是正確答案。雖然多半是**有事**想呼叫主人，但最好不要理會。

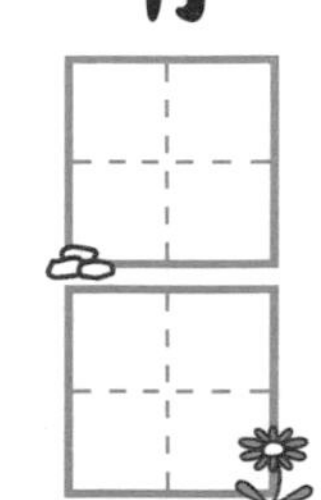

當兔寶去咬籠子的時候，「不可以咬喔！」如果像這樣慌慌張張地加以制止，讓牠學會了「只要一咬籠子主人就會來」，之後可能會不斷再犯。認為牠想出來外面於是放出來，或是給點心之類的，都同樣會助長牠學會這個動作。

雖然也許是擔心牠不斷啃咬堅硬的籠子而傷害牙齒，忍不住做出反應，但還是建議啃咬的當下置之不理，等牠離開柵欄時再出聲叫牠。

23 行為

地板或坐墊，什麼都想□□

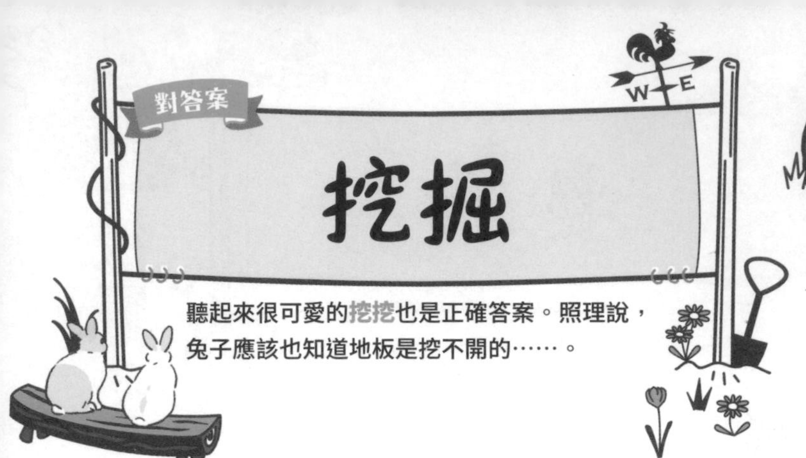

聽起來很可愛的**挖挖**也是正確答案。照理說，兔子應該也知道地板是挖不開的……。

雖然家裡有籠子，並不需要挖掘巢穴，但有時兔子會突然上了發條開始抓地板。**即使實際上挖不出洞，但在「想要挖掘」這個本能的驅使之下，只要做出挖掘的行動便感到心滿意足。**

開挖的契機，每隻兔寶不盡相同，像是坐上了柔軟的棉被，或是有其他兔子的氣味等等，各種情況都有。因為這是戒不掉的，無關緊要的東西就讓牠盡情挖個夠吧。正在梳毛時抓了主人的膝蓋，則可能是「快住手」的意思。

兔寶4格漫畫
行為篇
LESSON 3
兔子的情緒
得意的表情
扔
丟
怎麼樣
輕跳
很得意
裝修
咬咬咬
撕撕撕
挖挖挖
廢墟風
室內設計

課題 4

「從對飼主的態度解讀心情」

如果了解家裡兔寶的類型、與之相處，就能和牠們溝通無礙唷！

安哥拉校長

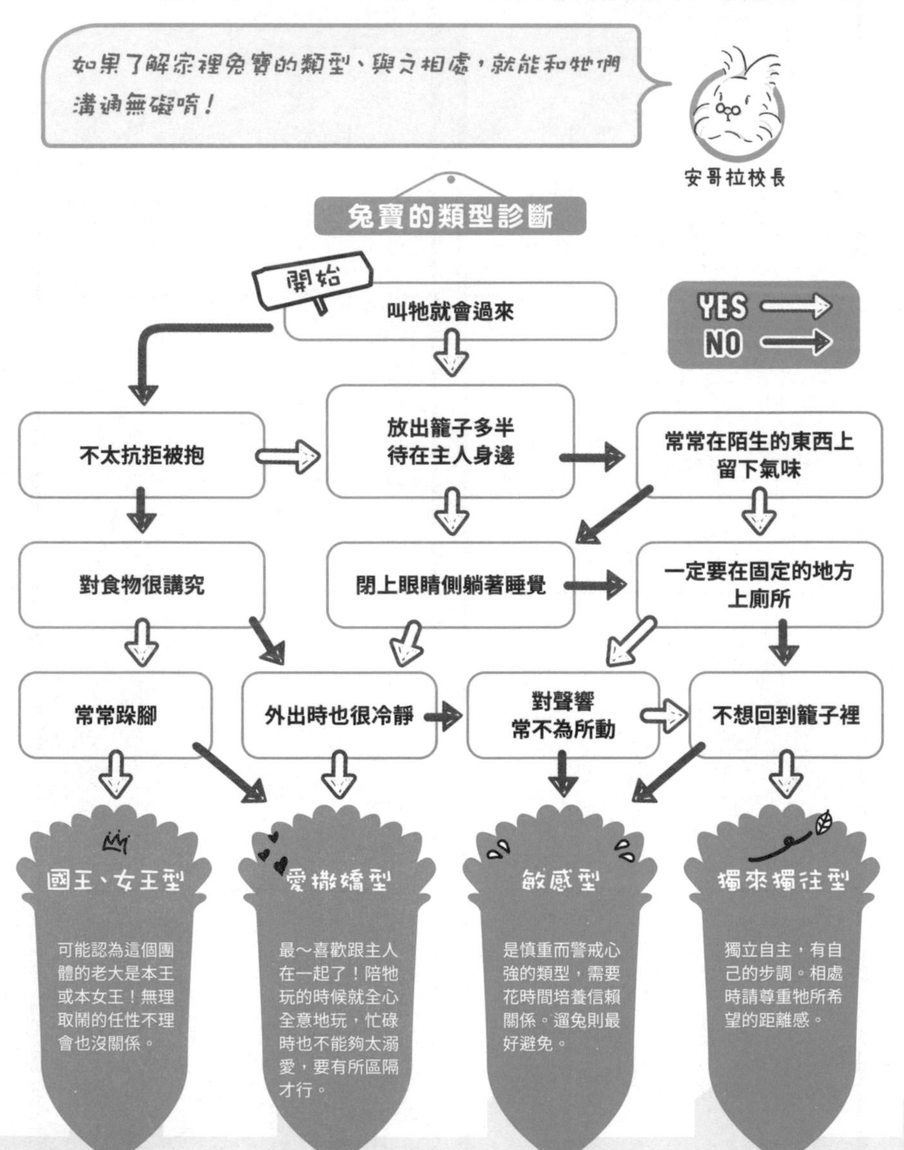

會自我主張是因為

對答案

信賴

對講了也聽不懂的對象就不會想表達了。如此受到**信賴**雖然很開心，但是做不到的要求可別理牠唷。

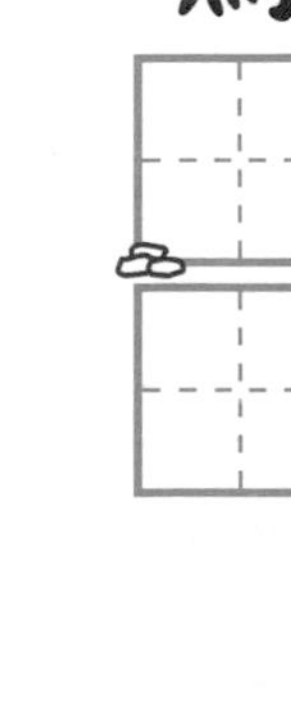

兔子會透過丟餐盤、在籠子裡吵鬧等各種不同的方式向主人表達「想出去！」、「想吃飯！」的欲望。就算主人現在正在忙，還是糾纏不休，可能會讓主人覺得「我家的兔寶好任性」。

然而，以兔子的角度而言，主人就在那裡，有所求時用盡全力表達是理所當然的。此外，要求這個舉動也表示信賴對方、覺得對方能夠理解自己的心情。

咬是為了表達

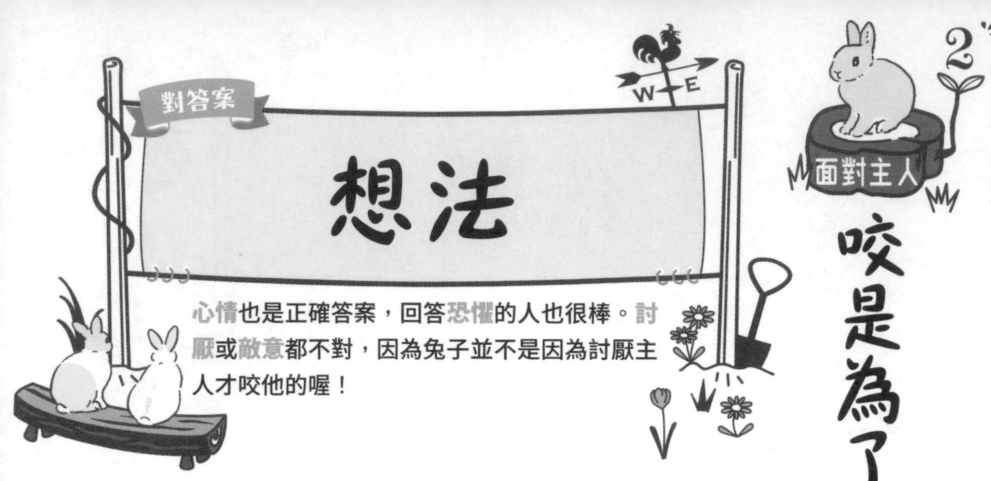

心情也是正確答案，回答**恐懼**的人也很棒。**討厭**或**敵意**都不對，因為兔子並不是因為討厭主人才咬他的喔！

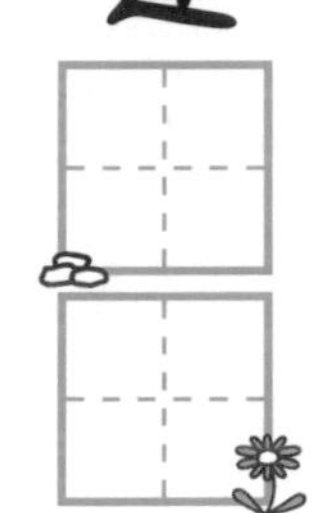

兔子不會無緣無故咬人。其中一個可能的原因是發情中感到焦躁所導致。此外，許多情況則是因為害怕而咬人。例如，即使只是想抱牠而追著牠跑，但對於在野外生活時處於被獵捕地位的兔子來說，有可能產生被捕捉的恐懼感。**有時為了表達這種恐懼、不安就會咬人。**

被咬到可能會受傷，因此在牠害怕（↓100頁）或是焦躁不安時，最好別去惹牠。

被咬了感到很困擾

飼主B小姐

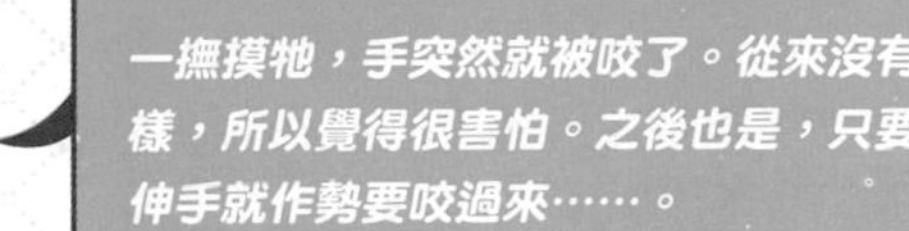

一撫摸牠，手突然就被咬了。從來沒有這樣，所以覺得很害怕。之後也是，只要一伸手就作勢要咬過來……。

兔作老師

有可能是學會了「只要咬他，他就不會碰我」的關係。

解說

在兔寶當中，有些喜歡被撫摸，也有些並不太喜歡。很可能這隻兔寶不是很喜歡被撫摸而一直在忍耐，然後有一天，忍耐到了極限便咬了一口。照理說，在咬人之前應該已經向主人暗示過「不要再摸了」。而咬人後主人就放手了，牠應該是學習到「什麼嘛！想叫他住手的話咬他就好了」。因此，今後最好不要勉強去撫摸牠，只在牠希望的時候撫摸，改為像這樣的方式相處。

Re：

不喜歡被摸摸的兔寶，就用其他方式來和牠溝通吧。

安哥拉校長

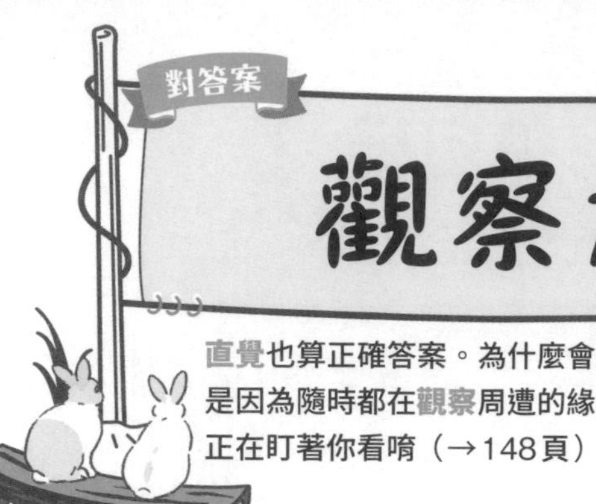

直覺也算正確答案。為什麼會這麼敏銳呢？那是因為隨時都在**觀察**周遭的緣故。主人，有人正在盯著你看唷（→148頁）！

很敏銳、對變化很敏感

要去醫院健康檢查或是剪趾甲那天，儘管假裝若無其事地準備，不知為何會被兔兔發現而躲著不出來……。遛兔或其他時候外出，明明不會逃跑或躲起來，**為什麼知道要去醫院，真是不可思議**。害怕去醫院的兔寶，**好像能敏感地察覺到主人準備的樣子，或是些微的緊張感**。

在過去，異於往常就是致命的。再怎麼矇混，兔子們對變化的反應還是很敏感。兔子的觀察力真是驚人！

回答擋路的人，雖然有點自虐，但也是正確答案。不過，並非每次都是負面的意思喔。撒嬌或想一起玩時也會，好嗎？

4 面對主人

用鼻子頂人是表示

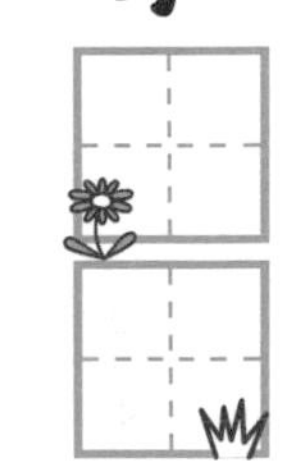

人類如果有事情，會「喂！喂！」地出聲，兔子用鼻子頂人就是類似的感覺。**用鼻子頂頂，就是在表達：請把注意力轉到我身上。**

至於有什麼事，則視當時的狀況而定。有些兔寶是希望有人撫摸牠或陪牠玩，有時則是出了籠子在房間裡逛大街時，覺得「你有點擋路耶」。

首先把注意力轉向牠，問牠「怎麼了？」，傾聽兔寶的訴求吧！

LESSON 3 兔子的情緒

希望□□□時會把頭伸到手下面

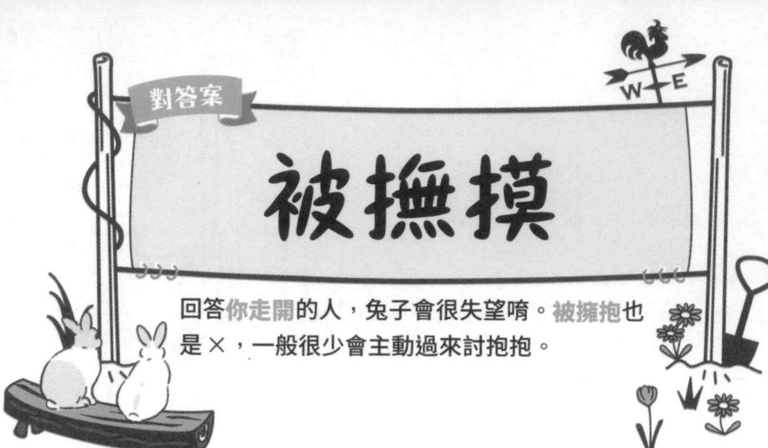

回答**你走開**的人，兔子會很失望唷。**被擁抱**也是×，一般很少會主動過來討抱抱。

兔子同伴之間或夫婦之間會互相理毛，因此有些兔寶喜歡被撫摸。**一旦知道被撫摸很舒服，兔寶便會主動要求「摸摸我～」。**

有些兔寶比較直接，會把頭放進手的下面。有些兔寶表達得比較含蓄，看主人靠近時會做出像鞠躬的姿勢，快速地低下頭等待。也有些兔寶會用力把頭頂過來。當牠有所求的時候，別只是隨手摸摸，好好面對牠的話，兔寶也會感到心滿意足。

背對主人坐到腿上時是想

對答案

放鬆

被摸這個答案算△，因為有時一摸就逃走。表示「我家的摸牠也不會跑走」的人就算○。由於題目設定成背對主人，撒嬌只算半對。

面向前方、坐到腿上來和主人面對面時，是表示有事找主人、好奇所以想靠近一探究竟，有時則是表示「摸摸我」。而眼神對過來可能就是希望主人陪牠玩。

屁股朝主人、坐在腿上，則是因為視野很好，或是因為覺得好軟、好舒服等等，也許並不是「想撒嬌」。

即便如此，坐到腿上來就證明了很信任對方，這時不妨跟牠一起放鬆吧！

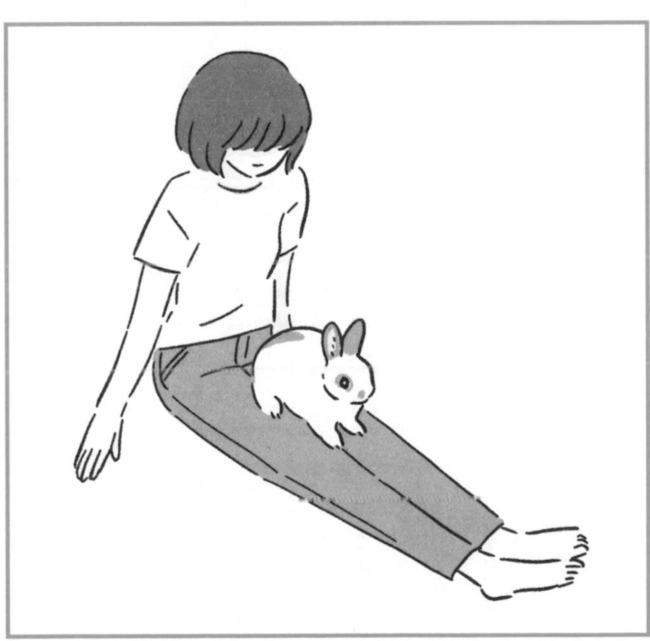

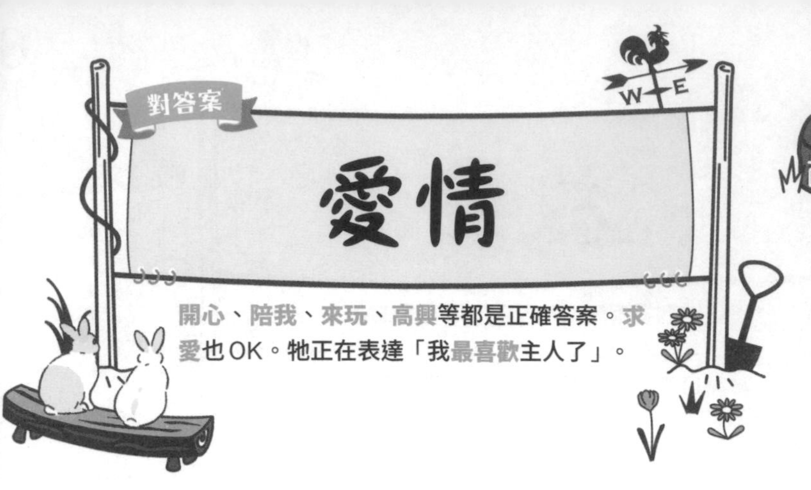

開心、**陪我**、**來玩**、**高興**等都是正確答案。**求愛**也OK。牠正在表達「我**最喜歡**主人了」。

在腳邊繞圈跑是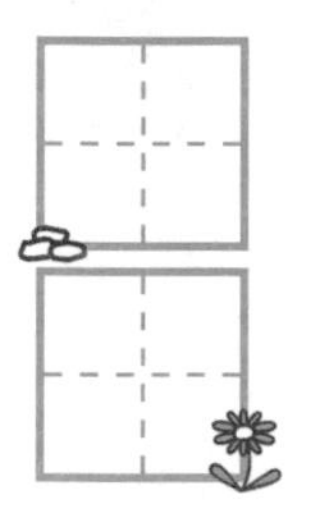的表現

有時候一把兔寶放出籠子，牠就激動地在主人腳邊轉圈圈，要不然就是在腳和腳之間繞8字來回跑。這表示**牠正因為主人回來了，或是被放出來獲得自由而感到開心。**

公兔求愛時也會在母兔身旁轉圈圈，所以**這也是愛情的表現。**只不過，求愛的公兔在繞圈跑完後，有時會向母兔撒尿，所以主人也可能會被愛到興奮不已的兔寶噴尿。

8 面對主人

手也有「住手」的意思

對答案

躲開、**咬**也是正確答案，這兩個都很明顯是「住手」的意思。但**舔手**有時是表示住手，有時是表示「繼續吧」。

伸出舌頭、把手舔呀舔呀的，好像很可愛，但根據狀況不同，似乎代表著各種不同的意思。

有些兔寶在主人摸摸牠以後，會像是在「幫你理毛」般，舔舔你以作為回報。

然而，也有兔寶是因為被摸得太煩，或者討厭梳毛，透過舔手表示「快住手～」。此外，停止撫摸時，似乎也有些兔寶會舔舔手表達「還想要摸摸～」的催促之意。根據表情和狀況來解讀兔子的心情吧！

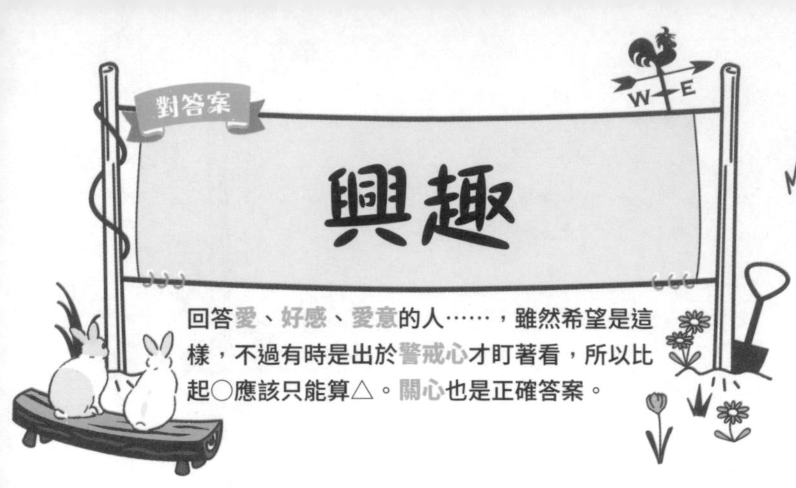

回答愛、好感、愛意的人……，雖然希望是這樣，不過有時是出於警戒心才盯著看，所以比起○應該只能算△。關心也是正確答案。

一直盯著看是因為有□□

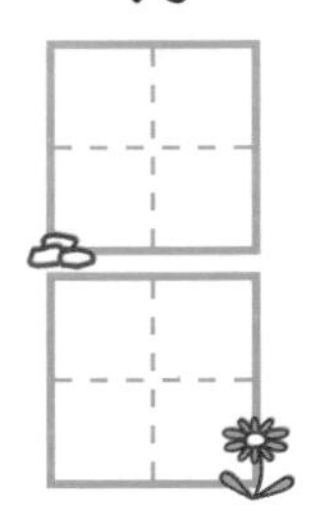

有時不經意一看，會發現籠子內總是傳來目不轉睛的炙熱視線，主人或許會自我感覺良好，想說「兔兔這麼喜歡我嗎～」。但盯著你其實是充滿了「什麼時候可以吃點心？」或是「可以放我出去嗎？」這些期待。

待在籠子裡雖然安心，但也有點無聊，所以會關心主人的動向而興趣盎然地觀察。有時則是在確認有沒有危險。即使臉沒有朝向這邊，也隨時在用眼角餘光確認中。

找出家中兔寶的「兔語」

所謂的「兔語」，是指主人掌握到兔子透過肢體語言表達的事，能有效溝通的意思。傳達的方式因兔子而異，因此不妨努力找出家中兔寶的「兔語」吧！

「兔語」的例子

一伸出手掌，兔子就把臉放上來。這就是在要求「摸摸我」。

正在看手機時，把頭頂過來。這是在表示「不要看了，快來跟我玩」的意思。

引導出「兔語」的訣竅

訣竅1 時機點很重要！

在籠子裡休息或專注在玩耍的時候，就算想溝通也沒辦法好好溝通。

訣竅2 等待兔寶靠過來

眼神對上了就是機會！躺在地板上降低視線，等待兔寶靠近。即使靠過來也不要貿然出手，耐心等牠主動採取行動。

訣竅3 讓牠覺得會有好事發生

兔寶主動用鼻子頂過來，釋放某種訊息的時候，不妨摸摸牠，做些讓牠開心的事。學習到「這麼做就會有好事發生！」的兔寶，便會重複這個舉動。

同步

我是老大

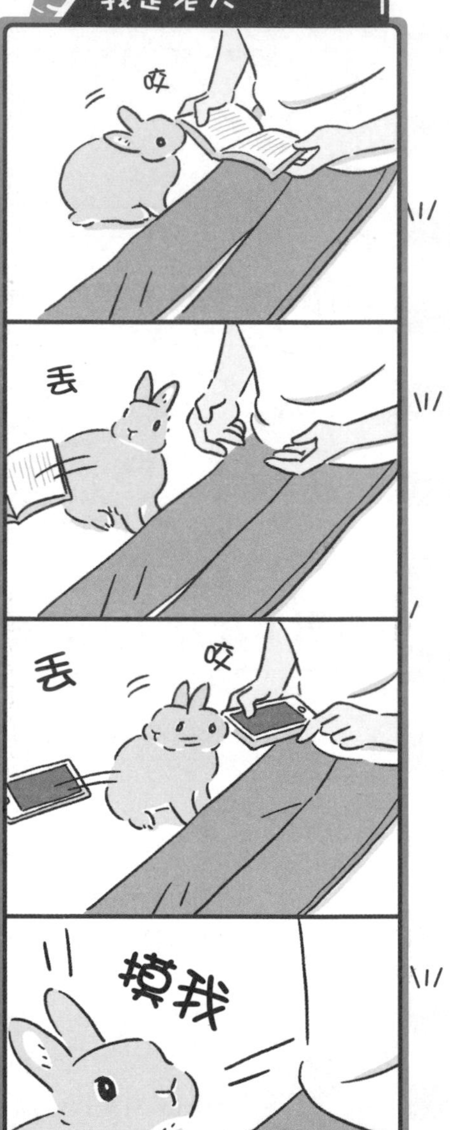

和兔子一起生活

LESSON 4

為了和兔子一起生活，
希望各位先了解這24道題目。
養兔經驗豐富的人
說不定能輕輕鬆鬆過關呢。

每隻兔子各不相同

問題1
喜歡醫院
還是討厭？
沙
我的醫院有
溫柔的
護理師，
所以喜歡。
當然是
討厭了！
還會被
不認識的人
押住。
喜歡
喜歡
討厭
討厭
問題2
喜歡
被抱抱
還是討厭？
沙

LESSON 4 和兔子一起生活

1 生活

教會牠懷抱

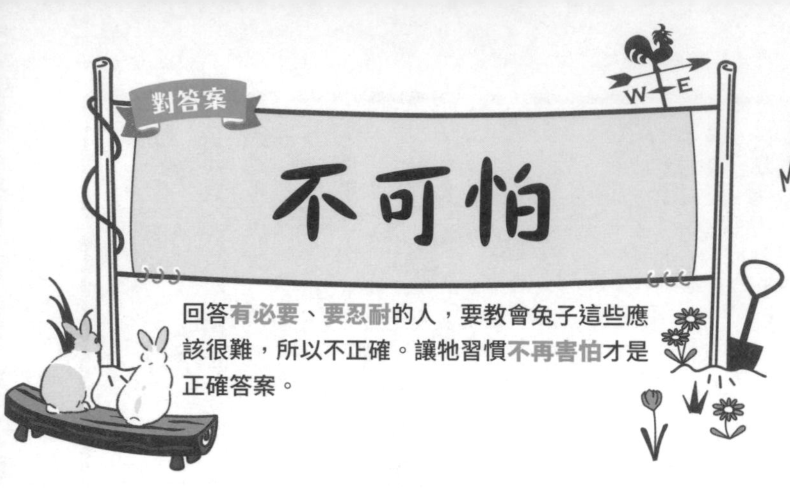

回答**有必要**、**要忍耐**的人，要教會兔子這些應該很難，所以不正確。讓牠習慣**不再害怕**才是正確答案。

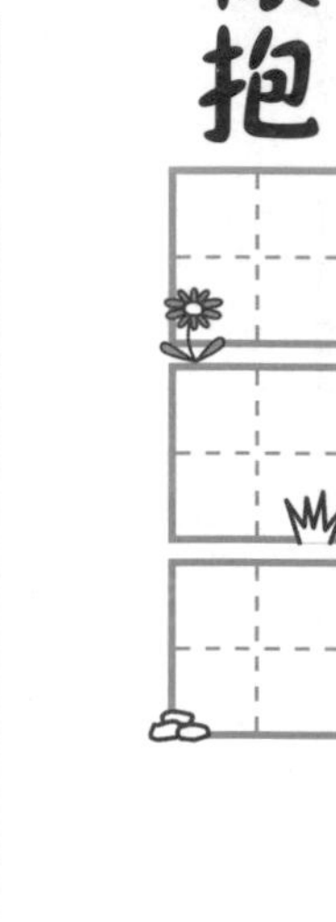

懷抱對兔子來說是「很可怕」的事。差不多只有在被敵人捉住這種特殊情況下，腳才會離開地面，因此基於本能會覺得「害怕」。

而且牠們也討厭身體被剝奪自由。幼兔時期，由於大多靜靜待著，所以很輕鬆就能抱住牠們，但自我意識萌芽後，有可能會劇烈地反抗。或許有些主人會因為被抗拒而大受打擊吧？

不妨先牢記「兔子其實很討厭抱抱」這件事，**再讓牠們慢慢習慣被抱住吧**（↓157頁）。

生活 2 練習抱抱要在□□以外的地方

回答**HOME**的人若是用運動的主場HOME & 客場AWAY來思考就算對。**家裡**這個答案嗎？不需要到這麼客場的地方啦……。

要讓牠習慣懷抱時，在平常兔寶沒進去過的房間練習，比較能順利地抱牠。在地盤內由於已經完全安心，可以很強勢地堅決反對，但在地盤以外的地方就行不通了。建議趁牠在不熟悉的地方嗅聞氣味、**注意力集中在周圍時，試著抱抱牠。**

和懷抱同樣不喜歡的剪趾甲或梳毛也是，**在地盤以外的地方大多能順利進行。**雖然覺得有點可憐，但試試看吧！

無法抱兔子

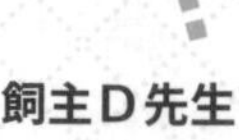

飼主D先生

兔寶寶時期明明可以抱牠，但是從1歲以後，只要想抱牠就會作勢咬人，不然就是跺腳、激烈反抗。

基於理解「抱抱很恐怖」這個主張來練習吧。

安哥拉校長

解說

請放心，很少有兔子喜歡被抱住，所以反抗是很正常的。即便如此，由於在照顧上有其必要，所以最好還是讓牠習慣懷抱。沒關係，兔子是很聰明的動物，只要理解了抱抱並不恐怖，如果對象是信任的主人，就不會再抗拒而乖乖讓人抱著了。

Re：

即使對人類來說是愛情的表現，對兔子而言，被剝奪自由多半會感到痛苦。只在必要時才抱抱，我們會非常感激的～。

姐姐

練習抱抱時的要訣

要訣1 坐下來抱

由於兔子很容易骨折，萬一在高處抱著牠，掉下來的話就糟糕了。抱的時候要坐下來，處在較低的位置。

要訣2 不要緊張

主人如果不安地想著「有辦法抱嗎？」、「要是亂動的話該怎麼辦？」，這些情緒也會感染給被抱著的兔寶，反而讓牠更加害怕。拿出自信來抱牠吧！

要訣3 牢牢支撐臀部

抱的時候要牢牢托住臀部，穩住後腿。後腿沒有固定住的話，可能會踢人或失控亂動，恐怕導致骨折。

要訣4 在放出籠子時抱牠

如果兔子理解到「要從籠子裡出來，透過主人的手是必要的」，漸漸就會允許主人抱牠了。

要訣5 趁牠不注意時……

如果是喜歡被撫摸的兔寶，摸摸牠、等牠放鬆下來以後，慢慢托住牠的臀部抱到大腿上，在不覺之中變成抱抱的狀態。

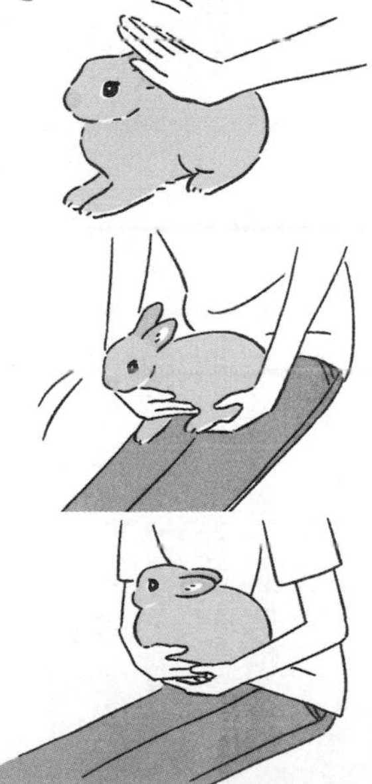

3 生活

有些兔子到陌生的地方會感到

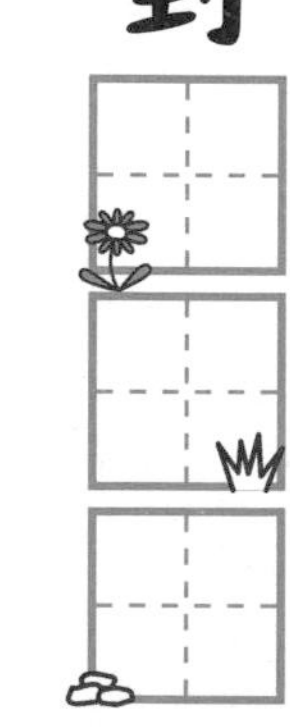

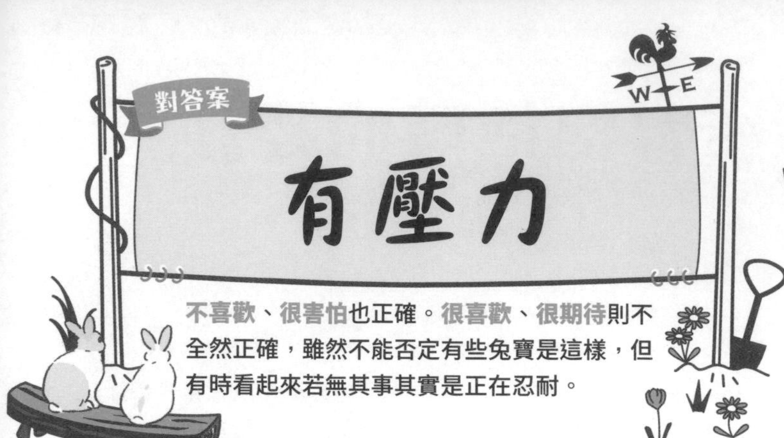

不喜歡、**很害怕**也正確。**很喜歡**、**很期待**則不全然正確，雖然不能否定有些兔寶是這樣，但有時看起來若無其事其實是正在忍耐。

在自己的地盤內一如往常地生活，對兔子而言是安心而幸福的事。雖然如同有的穴兔會到其他兔子的勢力範圍冒險一樣，有些好奇心旺盛的兔寶也想到地盤以外的地方。但對於並非如此的兔寶來說，到陌生的地方是一種壓力。

上醫院是必要的，因此不得已只好讓牠忍耐習慣。但是到戶外散步的「遛兔」，或是飼主之間帶兔子參加的網聚，建議考量自己家兔寶的性格，慎重地做判斷。

和平常不一樣就會感到□□

對答案

不安

回答憂鬱、討厭這些答案的人也正確。至於驚慌，在有重大不尋常的變化時也是有可能，就算△吧。

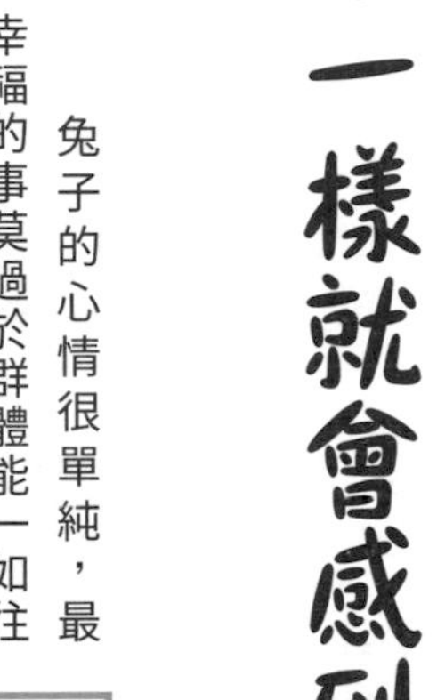

兔子的心情很單純，最幸福的事莫過於群體能一如往常安穩地吃東西。然而，一有不尋常的變化，這個幸福的心情就會風雲變色。在野外生活時，即使是忽略一點點小變化都可能致命，因此兔子們對於任何微小的變化都不會放過、會感到不安。而這些有可能是人類不會在意的聲響或氣味。

此外，對於同一個群體中的主人心情變化也很敏感。如果主人無精打采，也會心想「難道群體有了危機!?」而感到不安。

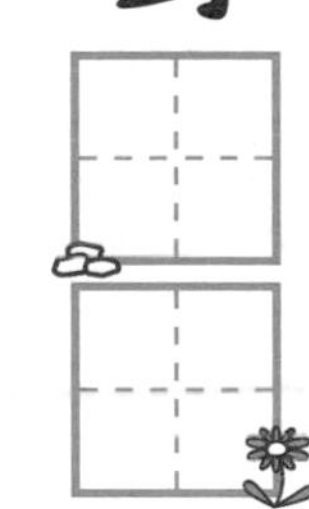

5 生活

這種情緒很難忘記

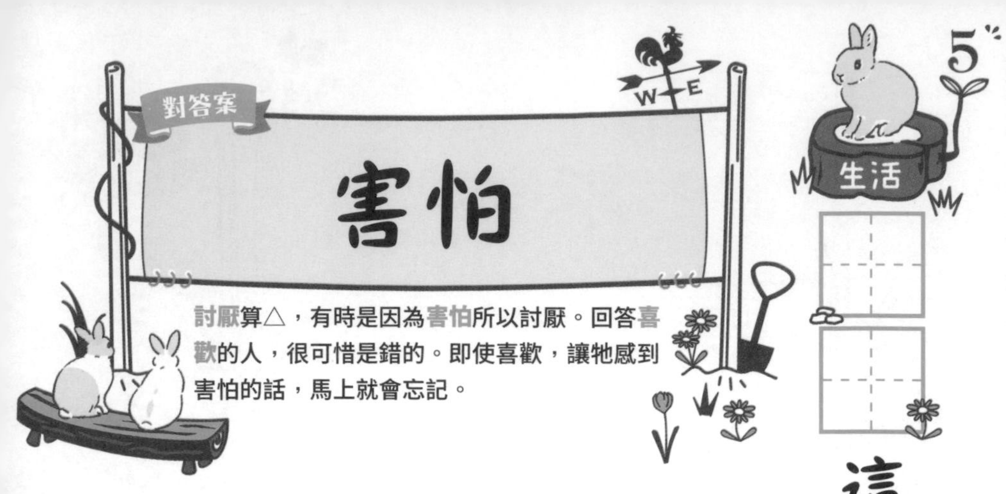

討厭算△，有時是因為害怕所以討厭。回答喜歡的人，很可惜是錯的。即使喜歡，讓牠感到害怕的話，馬上就會忘記。

舉例來說，人類也是如此，如果曾經溺水而變得怕水，可能會害怕游泳池而不敢再去。這是不想再遇到相同危險的心情所致吧。能敏感察覺危險的兔子，所留下的恐懼記憶則更為強烈。人類的話，還有可能克服恐懼感而變得敢去游泳池，但兔子的話，要改寫記憶似乎很困難。

開玩笑追趕牠、導致牠心生恐懼的話，有可能被當成危險生物植入記憶，讓牠不再親人了。

兔子害怕的東西

基本上，沒看過的東西、沒聽過的聲音，或者會聯想到敵人的東西，都會感到害怕。

施工、摩托車或車子的聲音

突然間響起陌生的聲音，會以為發生了什麼事而陷入不安。人類不會特別在意的遠處聲響，似乎也會讓牠們感到有壓力。因為陌生的聲響以致於不吃飯——對聲音敏感到差不多這種程度。

被追趕

即使人類只是出於好玩，但對兔子來說，卻可能喚起被敵人追趕的恐懼感。有些兔寶能理解是在玩，但大多數都會感到害怕，因此要注意。

被從上面抓住

會聯想到被猛禽類抓住的情景。想抱牠時也是，突然從上面抓住，反而會讓牠更害怕。所以要蹲下來，從較低的位置抱。

其他兔子

雖然有些兔寶能與其他兔子和睦相處，但絕大多數會保持警戒、試探對方的態度。彼此害怕的話，可能會因某個導火線而大打出手。另一方面，在野外生活時，對於其他動物，有時候其實是敵人卻沒有察覺危險而靠近，也會引發事故。

6

生活

籠子或廁所被就覺得不安

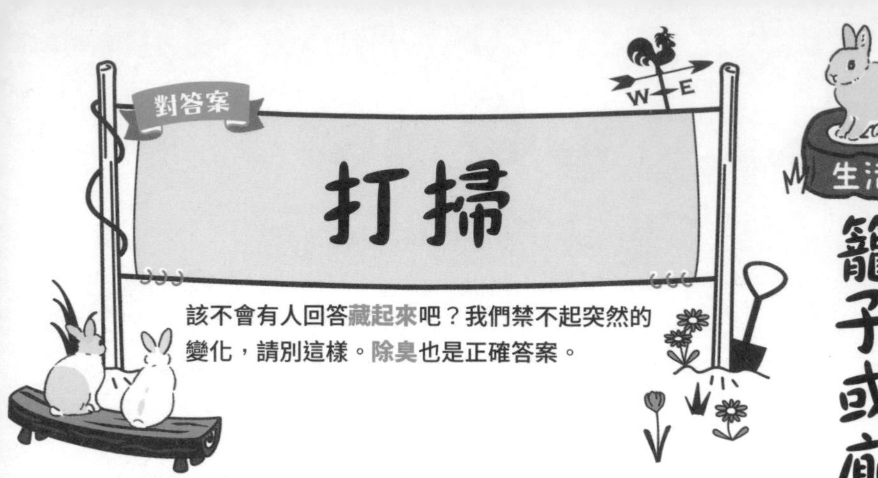

該不會有人回答**藏起來**吧？我們禁不起突然的變化，請別這樣。**除臭**也是正確答案。

廁所或籠子被打掃過，**氣味消失的話，宣示地盤的象徵被削弱，會令兔子非常苦惱。**一準備要打掃，地盤意識強的兔寶還可能攻擊主人的手。

然而，糞便中可能夾雜球蟲等病原體，而籠子或廁所不衛生的話，也可能導致生病，因此必須定期打掃。如果是會攻擊人的兔寶，建議將牠移到籠子外之類其他的地方再打掃。

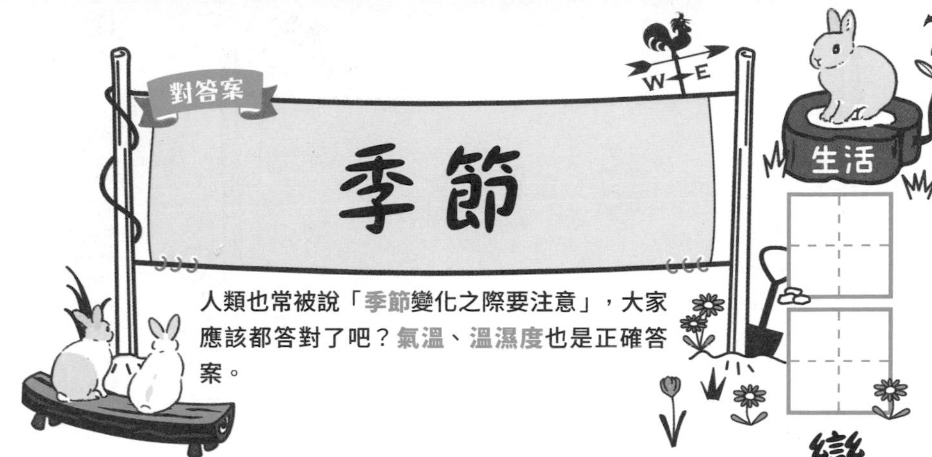

人類也常被說「季節變化之際要注意」，大家應該都答對了吧？氣溫、溫濕度也是正確答案。

變化之際要注意

據說兔子「不耐熱」，太熱的話會中暑，濕度過高則恐怕會罹患皮膚疾病。

此外，太冷的話也可能引發腸胃遲滯（↓187頁）。

穴兔在地下克服了酷寒及酷暑而生存了下來，這是由於地面下的溫差比地面上來得小的緣故。**在家中，為避免溫度或是濕度急遽變化，做好室溫管理非常重要。**尤其四季溫度變化劇烈的國家，建議利用空調等妥善調節。

28°C

15°C

8 生活

適合的溫濕度是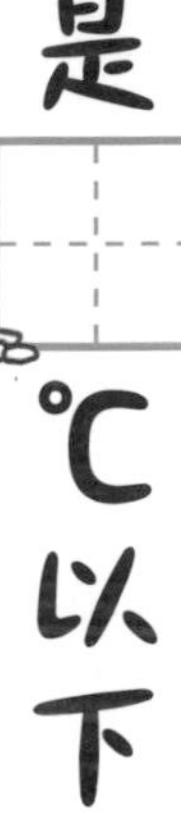℃以下、□%左右

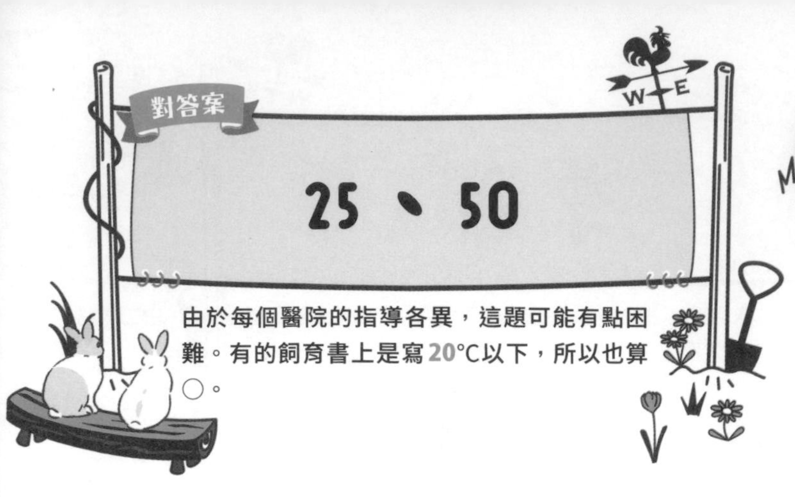

由於每個醫院的指導各異，這題可能有點困難。有的飼育書上是寫20℃以下，所以也算○。

遠超過30℃的日本夏天，對不耐熱的兔子來說，是嚴酷的季節。雖然飼育書上寫著適合的溫度是20～22℃以下，實際上建議可將空調設定在25℃以下、最高不超過28℃。

冬天時，健康成兔盡可能維持在15℃以上、幼兔或高齡的兔子則維持在稍微溫暖一點的22℃左右。除了空調，也推薦使用寵物保溫燈等產品。

濕度過高或過低都對兔子的身體有害，最好保持在50%左右。

兔子飼育圖鑑 應用問題

▸▸▸（科目）放置籠子的位置

問題》請在下面適合放置籠子的位置打○。

╳ 空調前面

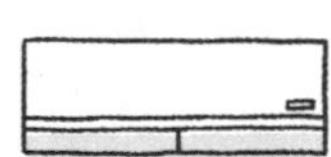

雖然需要以空調管理溫度，但如果把籠子放在風直接吹到的地方，會導致兔子身體不適。

╳ 窗戶附近

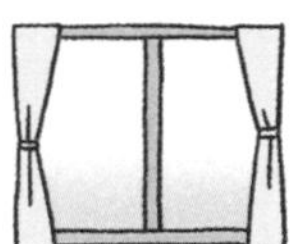

雖然看似日照、通風良好，但窗戶附近可能會直接曬到陽光、溫度變化劇烈，因此需避免。

△ 地板上

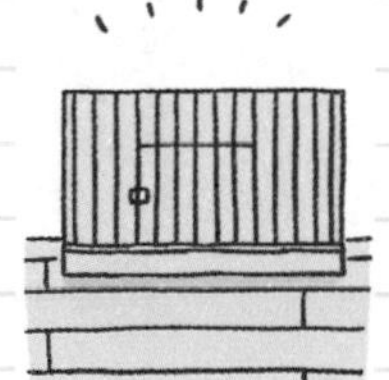

直接放在地板上的話 ，冬天時地板的寒氣可能會直接傳過來。建議於籠子下方鋪隔熱墊。

△ 櫃子等高處

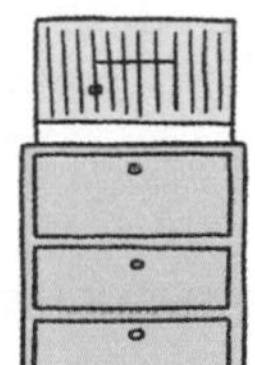

溫暖的空氣會往高處移動，夏天時把籠子放在高處的話，可能會過熱。此外，也要非常注意，避免掉落。

○ 靠牆的地方

籠子的2面緊靠牆壁的地方，由於不會被人從四面八方看過來，兔子能夠安穩地度日。

即使同樣是室內，溫度也有變化，因此一定要在兔籠上直接裝上溫濕度計，確認籠子附近的溫度是否適中。

9

生活

基本飲食是牧草＋顆粒飼料＋□

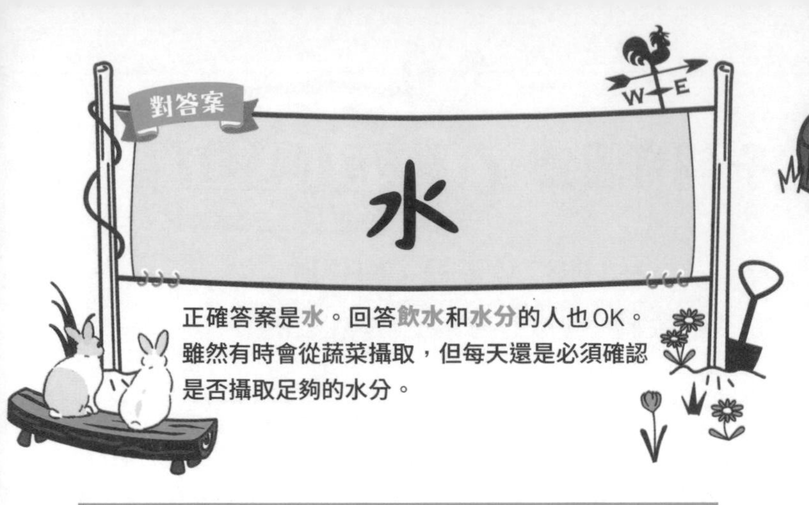

正確答案是**水**。回答**飲水**和**水分**的人也OK。雖然有時會從蔬菜攝取，但每天還是必須確認是否攝取足夠的水分。

讓兔寶多吃牧草、想吃多少就吃多少，光靠牧草不足的營養，再透過顆粒飼料補充。顆粒飼料要選擇以牧草為主要成分、纖維質豐富的產品，以及脂質含量低的產品。

還有，每天也要同時給予新鮮的水。水的攝取量太少的話，很容易導致消化器官或泌尿器官出問題。透過蔬菜攝取水分的兔寶或許不太喝水。給予的水用一般的自來水即可，硬水較容易造成結石，最好避免。

要增加□□的變化

對答案

食物

飲食、能吃的食物也算正確答案。只不過，別忘了兔子是草食性動物這件事。至於衣服……，兔寶本身其實並不喜歡。

兔子感受味覺的味蕾數量很多（↓68頁），味覺被認為比人類更為敏感。增加食物的變化，能對兔子形成良好的刺激。

只不過，要留意芋頭或麵包這類澱粉類食物，以及會引起中毒的蔥類這些不能餵食的食材。

在不妨礙食用主食牧草的程度下，可以給予小松菜或芹菜、山茼蒿等蔬菜，或是野草、香草等等，增加進食的樂趣，在食慾不振時也有幫助。

11 生活

不吃牧草的原因是□□吃太多

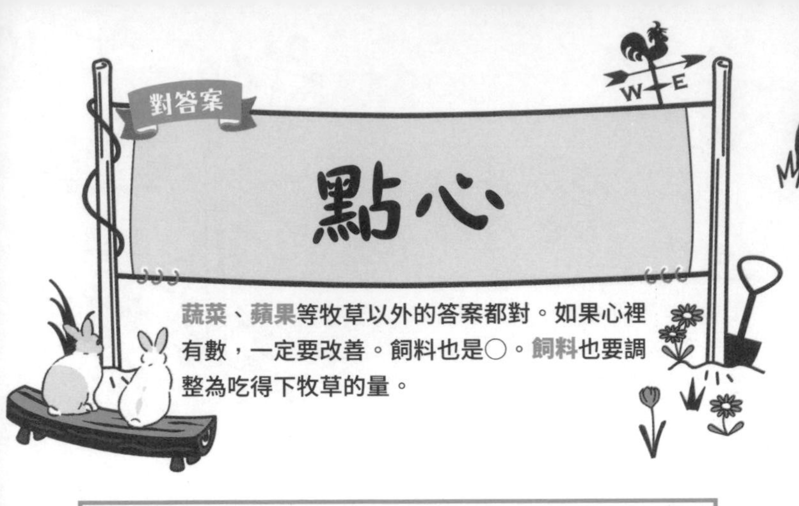

蔬菜、**蘋果**等牧草以外的答案都對。如果心裡有數，一定要改善。飼料也是○。**飼料**也要調整為吃得下牧草的量。

兔子的「主食」是牧草，其他都算「副食品」。如果給予蔬菜或水果，牠們想必會覺得很好吃而很開心。然而，**不小心餵食太多的話，兔子就不吃牧草了**。因為牠們知道比起牧草，蔬菜和水果更美味，營養價值也高。

只不過，**兔子的消化道構造適合消化營養價值低的牧草**，若不充分攝取纖維質，恐怕會引起腸胃遲滯（↓187頁）等不適。

關於點心的想法

不吃牧草很擔心，忍不住給了牠點心，結果牠就吃了。但又覺得過度餵食點心不好……。

兔子學到只要不吃牧草，就會給牠「好吃的東西」。

解說

兔子很聰明，知道只要不吃牧草等著，主人就會給其他好吃的東西。兔子本身不會考量自己的身體健康等問題，一定喜歡美味又營養價值高的東西。願意吃牧草以外的東西，表示食慾沒有問題，建議給予牧草後，試著等久一點，直到牠吃為止。

Re：
提到點心，人類可能都會想成是「甜食」，其實也可以把平時吃的牧草或顆粒飼料當成點心喔！

安哥拉校長

有技巧地給予點心的方法

- 忍耐完剪趾甲或上醫院之類討厭的事情之後，當成獎勵。
- 給的時候用手親餵，讓牠認知這是「主人給我的特別的東西」。
- 給的時機點不要固定在「每天」之類的，突然給予的話就變成驚喜。

12 生活

須避免□□偏多的飲食

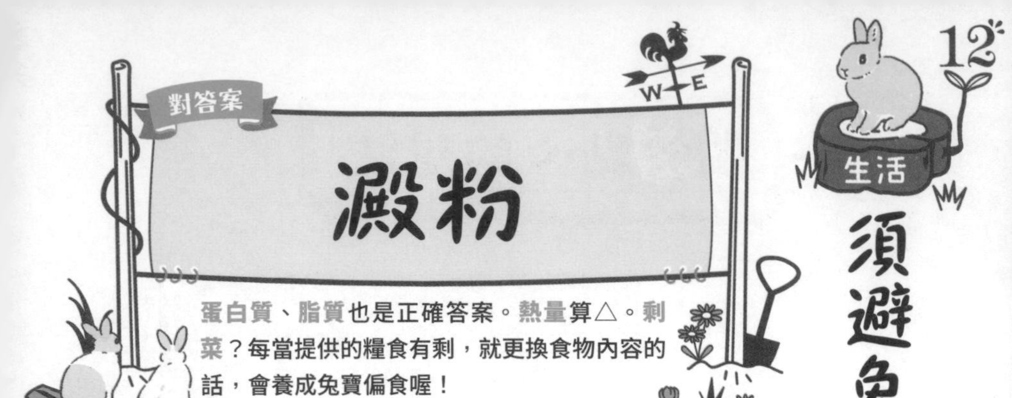

蛋白質、脂質也是正確答案。熱量算△。剩菜？每當提供的糧食有剩，就更換食物內容的話，會養成兔寶偏食喔！

澱粉含量高的飲食有礙腸胃運作，也會造成氣體異常發酵。澱粉含量高的食物當中，香蕉、地瓜、玉米、燕麥等糖分也高，雖然有些兔子很喜歡，但仍需特別注意，不要餵食過量。

此外，也有一些營養補充食品或顆粒飼料為了使成分凝固，而添加了大量小麥等澱粉類。不只是澱粉，脂質、蛋白質過高的食物也盡可能不要餵食。

很期待□□時間

對答案

放風

答案是**在籠子外自由**玩耍的**放風**時間。回答**點心**也OK，但要注意不能過度餵食。**吃飯**算△，牧草應該是隨時想吃多少就吃多少吧？

為了兔寶的健康，每天都要**放牠出籠子玩。活動身體能鍛鍊肌肉和體力，也能促進消化道機能。**放出房間時，要做好萬全的安全對策，以確保室內沒有危險，或是也可以利用寵物圍欄區隔出遊玩的區域。透過在籠子外的遊戲時間，還能和主人互動交流。

也有些兔寶喜歡在籠外度過悠閒時光。這時不妨在室內藏一些顆粒飼料讓牠找找看，動動腦的同時還能當成很好的運動。

14 生活

想成為群體的

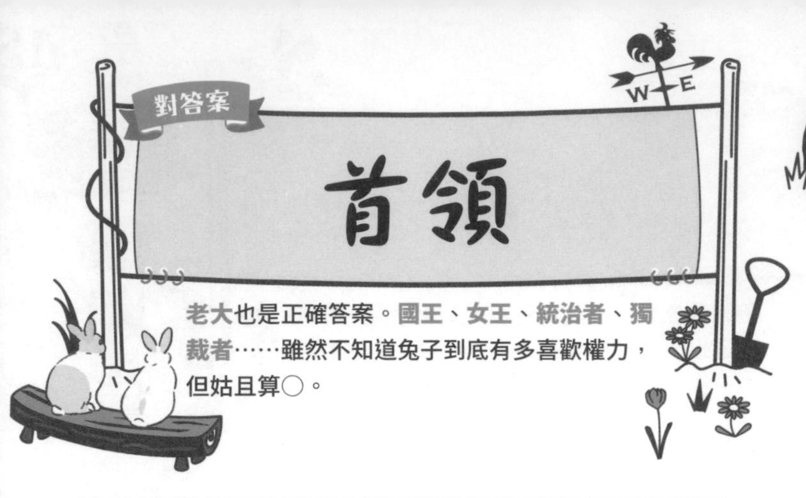

老大也是正確答案。國王、女王、統治者、獨裁者……雖然不知道兔子到底有多喜歡權力，但姑且算○。

兔子是具有社會性的動物，群體內會有規則，也有首領。在家中，如果兔子理解主人是群體的首領，便能遵守規則，安穩地生活。

然而，在年輕時牠們會想當首領，或試試自己的要求可以被通融到哪裡，可能不斷出現對人類來說很困擾的行動。比方說，吵著要點心，或是咬不喜歡的人。飼主應定好規矩，告訴牠「這樣不行！」，以堅定的態度對待牠。

15 生活

獨留兔子在家不能超過□□

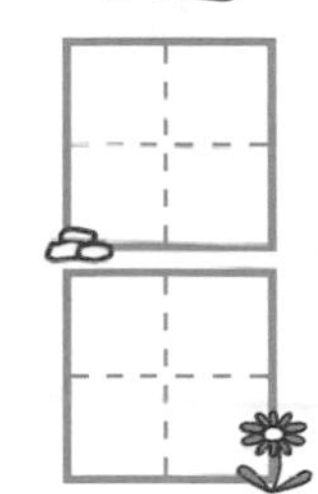

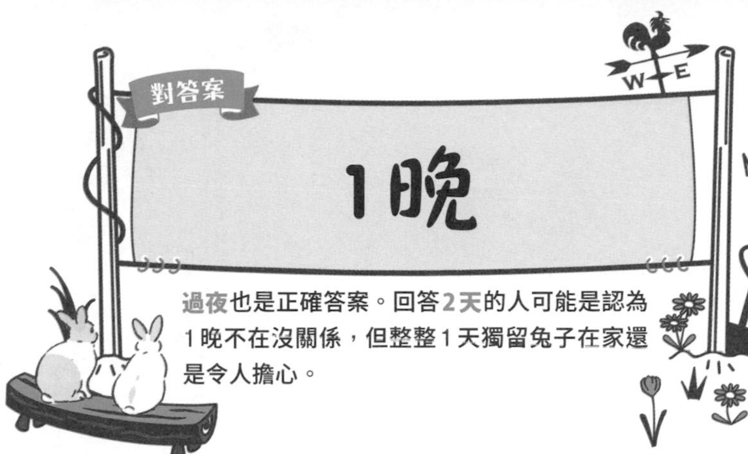

對答案：1晚

過夜也是正確答案。回答**2天**的人可能是認為1晚不在沒關係，但整整1天獨留兔子在家還是令人擔心。

兔子雖然是群居動物，但並不會因為單獨1隻而感到寂寞。白天如果是由於工作或上學的關係不在家，做好溫度管理並事先準備好食物和飲水的話，這種程度的看家是沒問題的。不過，超過1個晚上不在家時，最好託付到寵物旅館這類地方。

兔子常常因為一些原因而不吃東西。如此一來，消化道的運作會變差，置之不理的話甚至可能危及生命。不妨問問常去的動物醫院或專門店等，有沒有提供寄養的服務。

16 生活

有些兔寶和其他□□相處不來

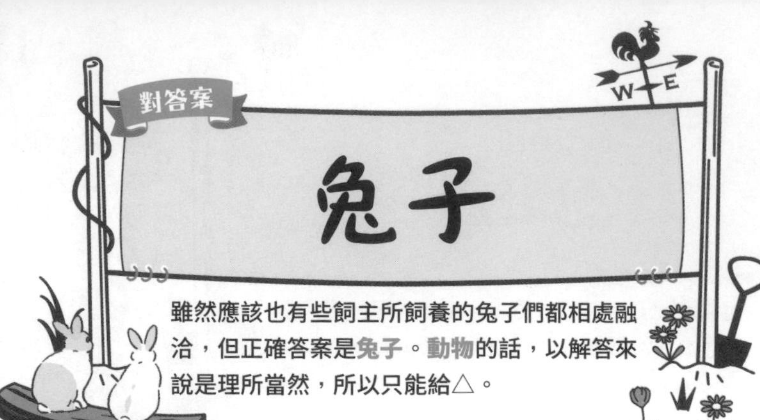

雖然應該也有些飼主所飼養的兔子們都相處融洽，但正確答案是**兔子**。**動物**的話，以解答來說是理所當然，所以只能給△。

雖說是群居，**並不表示和每隻兔子都能相處融洽。**群居只是因為方便，兔子能自己覓食，單獨1隻原本就沒有什麼問題。整體而言，由於地盤意識強烈，與其他兔子同處於一個空間的話，多半無法安穩度日。

和別人家的兔子見面或是接回第2隻兔子時，建議慎重、徹底確認彼此的契合度。**好惡是由兔子自己決定**，因此無法勉強牠們和睦相處。

17

生活

對答案

避孕去勢

因飼養的兔子性別不同，回答避孕手術、去勢手術都算對。尤其是母兔的生殖系統疾病，可以透過避孕手術預防。

可預防生殖系統疾病

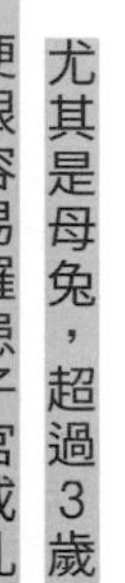

尤其是母兔，超過3歲開始，便很容易罹患子宮或乳腺等生殖系統疾病。如果不打算讓牠繁殖的話，動物醫院通常會建議進行避孕手術。不論公兔還是母兔，避孕去勢手術都能避免非預期的懷孕，據說也能減少噴尿、假性懷孕、攻擊行為等問題。

由於是手術，再加上麻醉等，不能說完全沒有風險。不過，經驗豐富的獸醫師越來越多，不妨請教他們、仔細考慮後再做決定。

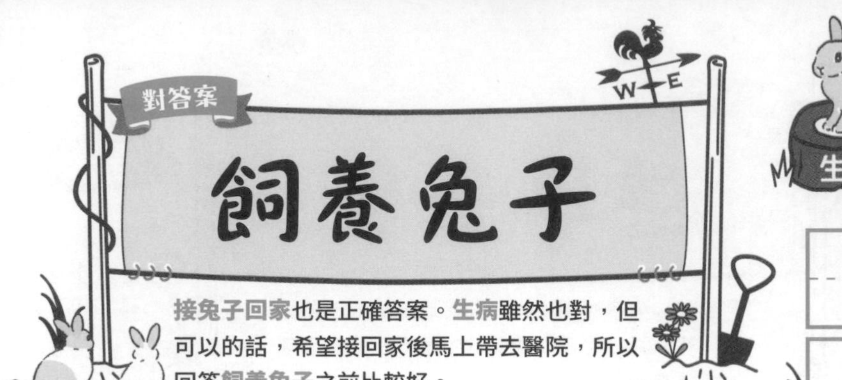

接兔子回家也是正確答案。**生病**雖然也對，但可以的話，希望接回家後馬上帶去醫院，所以回答**飼養兔子**之前比較好。

之前先找好動物醫院

幼兔到約4個月大之前，消化器官的運作都不太穩定，很常下痢。**接回幼兔之前，要先找好可以診療兔子的動物醫院。**即使身體沒有異狀，接回兔子後也要儘早幫牠做健康檢查。像是遺傳性的牙齒咬合不正，如果在幼兔時期發現，有些還能進行矯正。

等到生病就太遲了，建議在健康時就決定好固定看診的醫院。

19 生活

磨牙「嘎嘎」作響時是表示

對答案

痛苦

「嘎嘎」是表現用力磨牙的聲音，因此**痛苦**、**不舒服**、**疼痛**都是正確答案。應該沒有人回答**舒服**吧？

感到痛苦或是身體有病痛，有時會磨牙發出巨大的「嘎嘎」聲。而且會待在籠子角落把身體縮成一團靜靜不動，和舒服時的姿勢截然不同。由於兔子這種動物會隱瞞身體的病痛（↓125頁），因此看得出身體不舒服時，已經是相當痛苦的時候了。

察覺到這類徵兆時，請馬上帶牠去醫院。牙齒過分生長時也會磨牙，這時會流口水或流眼淚。

嘎嘎

在醫院會□□過來診察

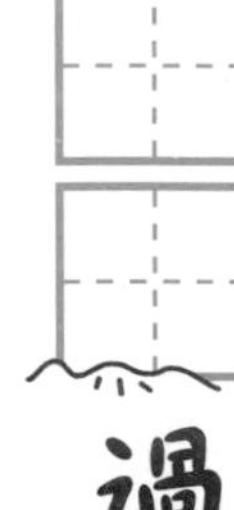

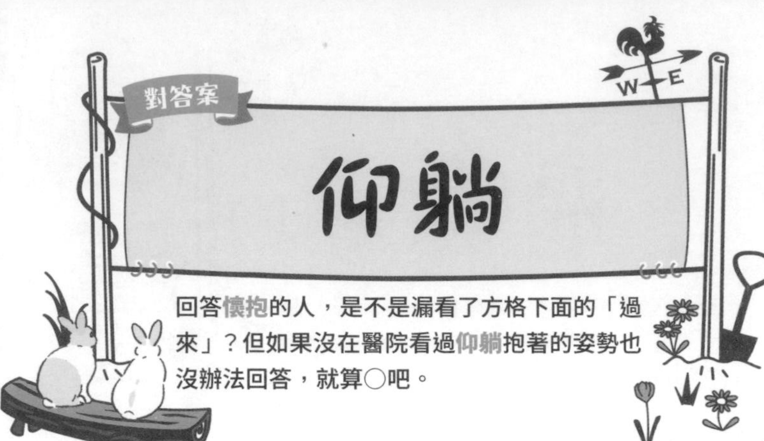

回答**懷抱**的人，是不是漏看了方格下面的「過來」？但如果沒在醫院看過**仰躺**抱著的姿勢也沒辦法回答，就算○吧。

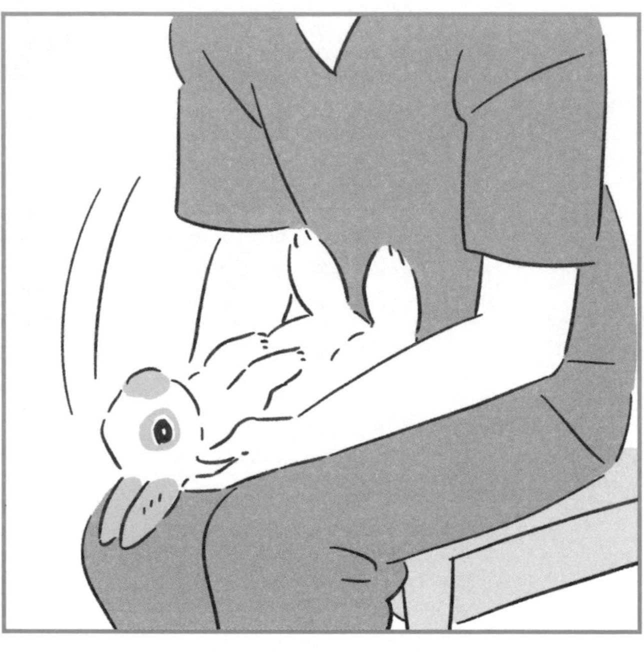

在動物醫院為了看診或治療，會將兔子仰抱著。如此一來，兔子便不會亂動，容易進行必要的照護。**仰躺對兔子來說是極為不自然的姿勢，會嚇到不敢動而很乖順。**

兔子的脊椎骨不是筆直而是彎曲的，不熟悉的人仰抱可能會導致牠骨折。此外，對內臟也會造成負擔。如果在家照護時必須仰抱的話，一定要確實遵從專家的指導。

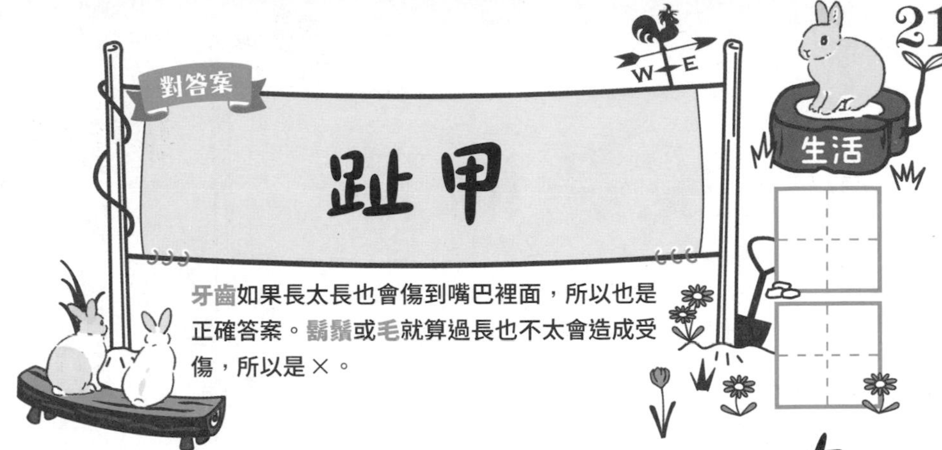

牙齒如果長太長也會傷到嘴巴裡面，所以也是正確答案。鬍鬚或毛就算過長也不太會造成受傷，所以是×。

太長會導致受傷

野生穴兔的趾甲會因為挖洞等而自然磨損。家裡的兔子沒有機會挖洞，建議1個月幫牠修剪趾甲1次左右。不怎麼活動的兔寶趾甲很容易長長，因此比起活潑的兔寶，必須更頻繁地修剪趾甲。

趾甲過長的話，不僅不好走路，還可能勾到粗糙的布或地毯的圈毛，在理毛的時候也容易傷到眼睛或身體。為避免剪到趾甲的血管，只要剪去前端尖銳的部分即可。

22

生活

做出相同舉動是因為

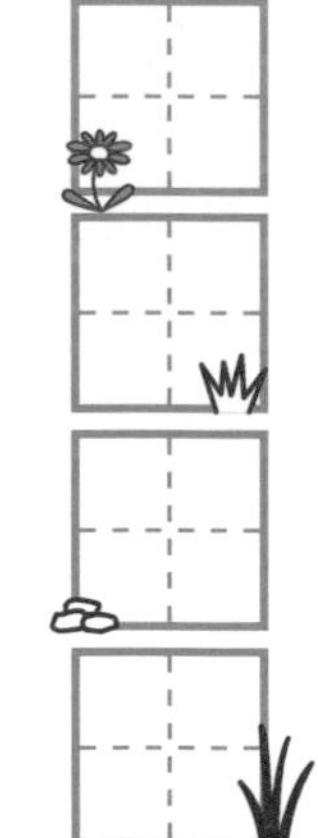

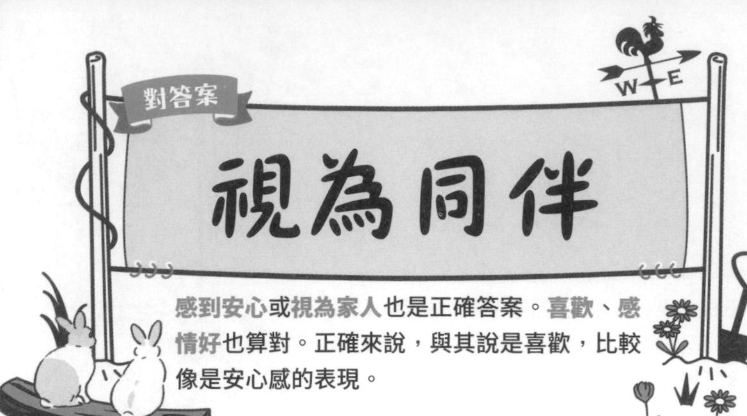

感到安心或**視為家人**也是正確答案。**喜歡**、**感情好**也算對。正確來說，與其說是喜歡，比較像是安心感的表現。

穴兔會到地面上來吃巢穴周邊的草。這時候，**同伴越多警戒的耳目也越多，因此能夠安心專注於吃草。**單獨一隻吃草的話，由於必須隨時警戒周圍，就無法這麼自在了。

人類飼養的兔子當中，有些兔寶只要主人一開始吃飯，便會在籠子裡也開始吃。推測可能是因為**在同伴吃東西的時候進食會有安心感的緣故。**也就是說，是把主人視為同伴的證明。

無□□是健康的祕訣

對答案

壓力

無牧草短缺之虞？意即想吃多少就吃多少，這也是對的。至於籠子進出無設限——即所謂的放養，則要小心受傷。

在疾病診斷時，有時會被告知生病的原因是「壓力」。或許主人會擔心自己是不是對兔寶做了什麼不好的事，但其實「壓力」一詞的意思非常廣泛，其中分為能夠防範的事項和無法防範的事項。室溫或飲食等飼育環境，是留意即可加以防範的壓力，而突然響起的摩托車聲，則是無法防範的壓力。

了解壓力會造成兔子身體不適，能防範的就加以防範，並在某種程度上睜一隻眼閉一隻眼、心胸開闊地守護牠，便是健康的祕訣。

24

生活

有時良性的□□也是必要的

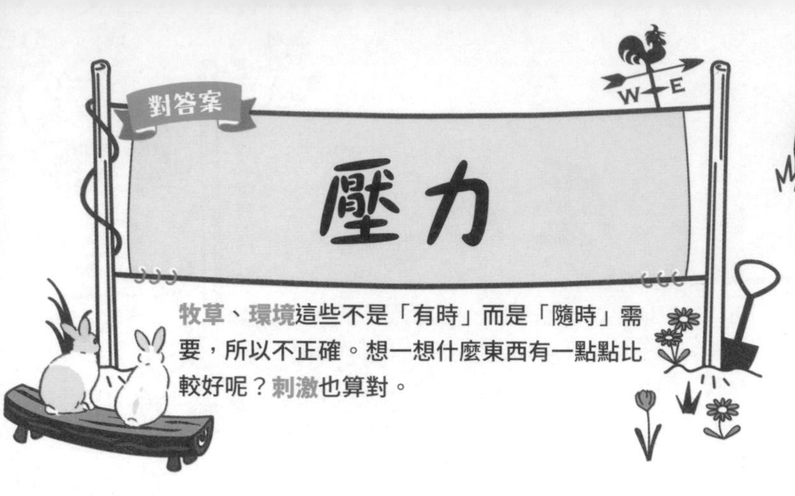

牧草、**環境**這些不是「有時」而是「隨時」需要，所以不正確。想一想什麼東西有一點點比較好呢？**刺激**也算對。

為了兔寶好，需要讓牠多少適應一點壓力。因為聲音會造成壓力就無聲地生活，人類會很有壓力，且當某處傳來聲響時，牠反而會過分恐懼。建議讓牠慢慢習慣平常生活中的聲音。

此外，雖說一成不變是兔子的幸福，但**經常給予「良性壓力」的話，會讓兔寶生氣蓬勃。**像是把牠喜歡的東西藏在玩具裡讓牠尋寶，或是採野草給牠，給予些許刺激讓牠動動腦和五感吧！

兔寶4格漫畫
生活篇
一半是垃圾
給我新的
要丟棄的
察覺
沉睡…
驚醒
開溜
是想帶我去醫院!?
怎麼這麼快就知道了？
明明還沒開始準備……
LESSON 4
和兔子一起生活

健康生活的要點

要點1 透過健康檢查早期發現異常

要點2 充分餵食牧草

要點3 事先了解易罹患的疾病

要點4 放出籠子讓牠自由玩耍

要點5 盡量不要給牠壓力

以下將逐一解說這5個要點。

兔作老師

兔子的健康管理手冊

要點1 透過健康檢查早期發現異常

兔子有隱瞞不舒服或身體病痛，假裝若無其事的傾向（↓125頁）。因此，當發現時有可能已經相當嚴重。及早發現異常並採取對策的話，好轉的可能性也會相對提高。而為了及早發現異常，就必須了解平常的健康狀態。即便不特別設定健康檢查的時間，只要在進食時察看咬合咀嚼及食量、飲水量，或在打掃便盆時檢查大、小便的狀態等等，在平常照顧時追加確認即可。

請參考左頁的檢查項目，如果有特別在意的地方，就及早接受診斷！

安哥拉校長

兔寶的健康檢查要點

有沒打✔的項目時，可能是身體出了問題。

眼睛
- ☐ 沒有傷口或腫脹
- ☐ 眼睛沒有睜不太開
- ☐ 沒有眼屎或眼淚
- ☐ 沒有白色渾濁

耳朵
- ☐ 沒有耳垢
- ☐ 沒有臭味
- ☐ 沒有搔癢

臀部
- ☐ 沒有被大、小便弄髒

鼻子
- ☐ 沒有流鼻水
- ☐ 沒有打噴嚏
- ☐ 沒有發出異常聲響

嘴巴、牙齒
- ☐ 沒有流口水
- ☐ 吃飯看起來不會痛苦
- ☐ 沒有大聲磨牙
- ☐ 牙齒沒有過長
- ☐ 下顎沒有不平

腳
- ☐ 趾甲沒有過長
- ☐ 腳底的毛沒有禿掉
- ☐ 不會疼痛

腹部
- ☐ 沒有比平常膨脹
- ☐ 沒有極端厭惡被碰觸等疼痛的跡象

行動
- ☐ 跑步或行走的樣子沒有異狀
- ☐ 食量和平常一樣
- ☐ 飲水量和平常一樣

大、小便
- ☐ 沒有下痢
- ☐ 大便的量和平常一樣
- ☐ 小便的量沒有過多或過少
- ☐ 小便沒有帶血

半天都沒吃也沒有排便時，可能是腸胃遲滯（→187頁），建議去醫院看診。

安哥拉校長

健康的大便約1㎝，堅硬且夾雜纖維。

要點2 充分餵食牧草

纖維質對於身為草食性動物的兔子來說是必要的。透過牧草等充分攝取纖維質，就能常保兔子身體健康——這麼說並不誇張。富含纖維質的牧草能使消化道正常運作，也能抑制牙齒過分生長。牧草的種類雖然有好幾種，不過禾本科的牧草吃再多也沒問題，因此不妨每天大量給予，讓牠想吃多少就吃多少吧！

牧草的種類

●禾本科牧草

低蛋白高纖維，適合成兔。吃再多也無妨。有提摩西草、果園草、意大利黑麥草等等。

●豆科牧草

比起禾本科牧草，粗纖維較少，但營養價值高。對兔子來說蛋白質含量較高，也恐怕會攝取過多鈣質，因此要注意避免餵食過量。有苜蓿草、三葉草等，適合成長期的幼兔。

依收割時期有不同種類

一割

春天到初夏收割，莖較粗、纖維質豐富。

二割

夏天到秋天收割，莖葉較細軟。

三割

冬天初期收割，莖少葉多，質地柔軟。嗜口性高。

牧草如果保存狀態不佳，品質就會降低，導致兔子不願意吃。此外，味道也會因廠牌或收割年分而改變。牧草的學問真是深奧呢！

安哥拉校長

要點
3 事先了解易罹患的疾病

兔子的身體構造非常獨特，和貓、狗完全不同。舉例來說，有發達的消化道，以便吃難以食用的草類；還有不斷生長的牙齒，用來磨碎草類以食用等特徵。因此，身體產生的不適症狀也是兔子獨有的。如果事先了解牠們獨特的身體所容易產生的不適症狀，也就能思考該如何預防。此外，先了解在日常的健康檢查中需要留意哪些地方，也有助於早期發現疾病。

兔子的身體不適多半是腹部疾病和牙齒疾病。接下來就來看看有哪些容易罹患的疾病吧！

兔作老師

腸胃遲滯

遲滯是什麼？

兔子的消化道隨時在活動，但如果由於某些原因而導致活動變差，就稱為腸胃遲滯。腸胃的活動變差的話，吃進去的東西會滯留在胃或腸子內。如此一來，胃的入口或腸子的出口被堵住，便會累積氣體和毒素等，進而引發嚴重的疾病。

引發遲滯的原因

最大的原因是纖維質不足等不適合兔子的飲食。此外，澱粉攝取過量的話，也可能對腸內環境造成不良影響。豆類、麥類、點心類等高糖分、高蛋白的飲食也NG。除此之外，有時是壓力、牙齒咬合異常（咬合不正）或寒冷等所導致。

有人說吞進大量兔毛是導致遲滯的原因，但其實只要胃腸正常運作的話，毛就會被排出體外。不過，像我一樣的長毛兔，梳毛是必須的。

安哥拉校長

牙齒咬合不正

咬合不正是什麼？

兔子的牙齒會終其一生不斷長長。如果牙齒咬合正常，透過吃牧草，牙齒會適度磨損而不至於過長。然而，由於某些原因而導致咬合不正的話，會使得牙齒過度生長，進而造成無法進食，或是傷及口腔。

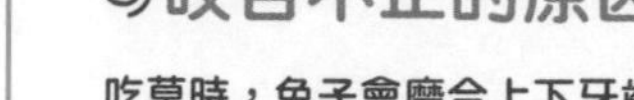

咬合不正的原因

吃草時，兔子會磨合上下牙齒，將草磨碎吞食。要是吃的東西不需要磨碎，就無法消磨牙齒。此外，還有些是遺傳性的咬合異常，或是由於抱兔子失敗等原因而從高處墜落導致咬合不良。

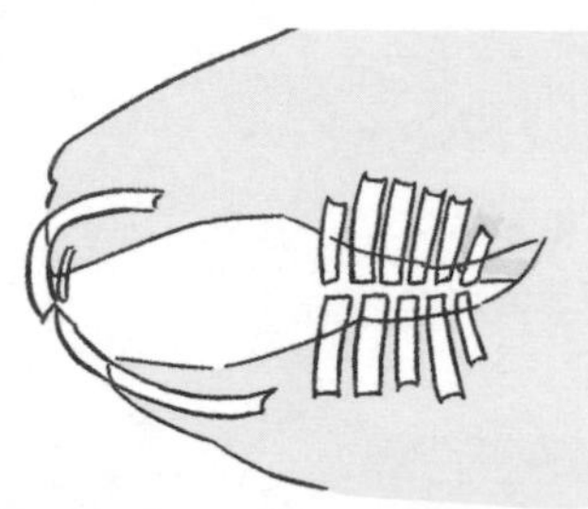

雖然門牙（前齒）的咬合不正很容易發現，但裡面的臼齒異常就很難察覺了。沒有食慾的時候，建議到醫院檢查牙齒的咬合情形。

兔作老師

到醫院進行健康檢查

雖然在家裡每天進行健康檢查很重要，但有些疾病光看外觀是看不出來的，因此建議定期到醫院接受正式的健康檢查！

動物醫院並不是生病了才去的地方。建議以健康檢查為由，盡可能定期去醫院報到。帶去醫院健康檢查雖然是為了早期發現疾病，但其實不只如此。一方面也是為了讓兔寶習慣醫院，且讓獸醫師先了解牠健康時的狀態。知道健康時的狀態，一旦生病將有助於診斷。

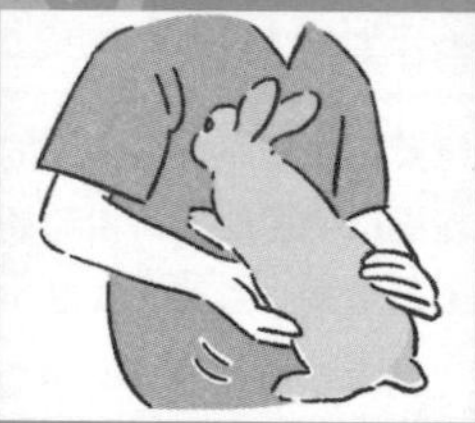

觸診

一邊觸碰身體，一邊檢查是否有異常、腫脹或腫瘤。

聽診

聽呼吸音及心音、胃腸蠕動聲，以發現異常。

血液檢查

檢查內臟機能或有無傳染病。

X光

頭部、胸部及腹部X光攝影。

超音波檢查

腹部等部位接觸超音波，由其反射波的影像確認有無腫瘤。

安哥拉校長

要點4 放出籠子讓牠自由玩耍

一旦熟悉環境，知道家中很安全，兔子就會開始依自己的喜好遊玩。像是跑跑步、咬咬玩偶、在角落挖掘等等，每個兔寶喜歡的遊戲都不盡相同。籠子外的遊戲不僅能當成適度的運動，也可以活化腦部和消化道的運作。只不過，籠子外還是有危險的物品，因此在放出籠子之前請先確認環境安全。

室內安全檢查
- □ 是否有有毒植物（※）
- □ 電線是否已做好防範，以避免啃咬
- □ 地上是否掉落了吃進嘴巴會有危險的物品
- □ 是否做好防範，以避免鑽進人類的手搆不到的縫隙
- □ 是否做好防範，以避免爬高

等等

※ 兔子咬到會有危險的植物
牽牛花、水仙、鈴蘭、聖誕紅　等等

要點5 盡量不要給牠壓力

對什麼感到有壓力，因兔子而異。舉例來說，有些兔子喜歡外出，但對有些兔子來說，外出卻是牠的壓力來源。有的兔子希望主人陪牠玩，也有的兔子被打擾會感到有壓力。除了避免因環境及飼育方式造成壓力，同時也不妨試著去思考：認為對牠好而做的事，是否對兔子而言是一種壓力。

這些事情也可能形成壓力
- 一直被盯著看
- 和其他動物一起生活
- 長時間被抱著
- 和其他兔子見面
- 穿衣服
- 人類的小孩

兔作老師，不好了！

發生什麼事了？

我的主人竟然說想要當動物醫院的醫生！

哇～好厲害唷！

我明明就討厭醫院的說～

可是姐姐妳最喜歡主人了，說不定以後也會喜歡醫院呀。

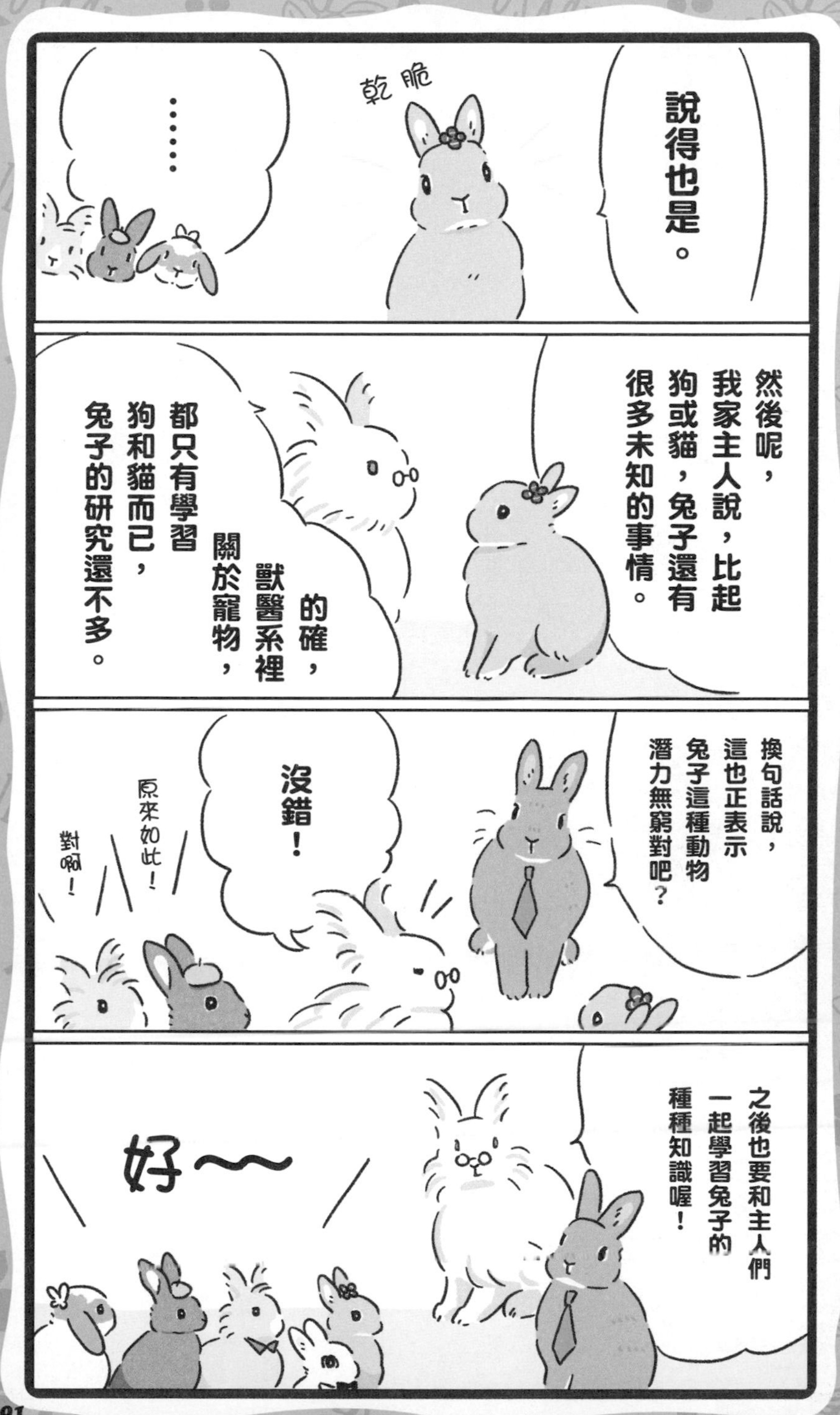
說得也是。
乾脆
……
然後呢，我家主人說，比起狗或貓，兔子還有很多未知的事情。
的確，獸醫系裡關於寵物，都只有學習狗和貓而已，兔子的研究還不多。
換句話說，這也正表示兔子這種動物潛力無窮對吧？
沒錯！
原來如此！
對啊！
之後也要和主人們一起學習兔子的種種知識喔！
好～～

三輪非犬貓動物醫院 院長

三輪恭嗣

2000年起成為東京大學附屬動物醫療中心的實習醫生，現在則是非犬貓動物診療科的負責人。於2006年開設以診療鳥類、倉鼠、兔子等非犬貓動物為主的「三輪非犬貓動物醫院」。院內有多位專業知識豐富的獸醫師和護理師，從日常健康管理到高度醫療，在尊重飼主意見的同時，對個別動物進行最適切的治療。

三輪非犬貓動物醫院　東京都豊島区駒込1-25-5
http://miwaah.com/

森山標子

出身於神戶，現居福島縣，為兔子插畫家。Instagram的粉絲超過8萬人，海外的粉絲也很多。活躍於各個不同領域，如網路及出版品的插畫、企業聯名商品、個展及活動的商品販售、LINE貼圖販售等等。也舉辦保護兔子的慈善活動。

官方網站
https://schinako.wordpress.com/

Instagram
https://www.instagram.com/schinako/

日文版 STAFF

插圖、漫畫	森山標子
封面、本文設計	片渕涼太（H.PP.G）
責任編輯	伊藤佐知子（株式会社スリーシーズン）

超萌兔子飼育圖鑑
詳細解說身體構造、心情、行爲，與兔兔健康快樂地一起生活！

2022年 5 月1日初版第一刷發行
2023年11月1日初版第二刷發行

監 修 者	三輪恭嗣
繪　　者	森山標子
譯　　者	王盈潔
編　　輯	陳映潔
美術編輯	黃瀞瑢
發 行 人	若森稔雄
發 行 所	台灣東販股份有限公司
	＜地址＞台北市南京東路4段130號2F-1
	＜電話＞(02) 2577-8878
	＜傳真＞(02) 2577-8896
	＜網址＞www.tohan.com.tw
郵撥帳號	1405049-4
法律顧問	蕭雄淋律師
總 經 銷	聯合發行股份有限公司
	＜電話＞(02) 2917-8022

國家圖書館出版品預行編目（CIP）資料

超萌兔子飼育圖鑑：詳細解說身體構造、心情、行為，與兔兔健康快樂地一起生活！ / 三輪恭嗣監修; 森山標子繪; 王盈潔譯. -- 初版. -- 臺北市：臺灣東販,2022.05
192面；14.6×21公分
ISBN 978-626-329-218-5（平裝）

1.CST: 兔子 2.CST: 寵物飼養

437.374　　111004428